计 算 方 法

主 编　金海燕

副主编　刘　瑾　苏浩楠　刘　璐　费　蓉
　　　　王　彬　李　前　张园林

U0255521

电子工业出版社

Publishing House of Electronics Industry

北京·BEIJING

内 容 简 介

"计算方法"是高等学校计算机科学与技术、软件工程、人工智能、数学、材料科学与工程等相关专业的主干课程之一。本书结合计算方法的基本概念、基本原理及实际应用,系统地介绍了如何利用计算方法的基本思想求解若干数学问题,并采用扩展阅读的方式融入了与"计算方法"课程密切相关的思政元素。

全书共 7 章,全面、系统地介绍了计算方法涉及的基本概念、基本思想、误差相关知识,探讨了求解非线性方程、线性方程组的方法,研究了插值法、曲线拟合、数值积分与数值微分等,同时部分章节末尾引入了扩展阅读内容。为便于教师教学及学生自学,各章末均附有思考题,附录 A 中有完备的实验指导供学生上机实验使用。

本书提供了较为丰富的工程案例分析,可供高等学校计算机科学与技术、软件工程、人工智能、数学等相关专业高年级本科生及研究生作为教材使用,也可供从事该领域研究的工程技术人员学习参考。

图书在版编目(CIP)数据

计算方法 / 金海燕主编. -- 北京 : 电子工业出版
社, 2025. 2. -- ISBN 978-7-121-49668-4

Ⅰ. O24

中国国家版本馆 CIP 数据核字第 2025JA5553 号

责任编辑:孟　宇
印　　刷:北京雁林吉兆印刷有限公司
装　　订:北京雁林吉兆印刷有限公司
出版发行:电子工业出版社
　　　　　北京市海淀区万寿路 173 信箱　　邮编:100036
开　　本:787×1092　1/16　印张:12　　字数:270 千字
版　　次:2025 年 2 月第 1 版
印　　次:2025 年 2 月第 1 次印刷
定　　价:49.80 元

凡所购买电子工业出版社图书有缺损问题,请向购买书店调换。若书店售缺,请与本社发行部联系,联系及邮购电话:(010) 88254888,88258888。

质量投诉请发邮件至 zlts@phei.com.cn,盗版侵权举报请发邮件至 dbqq@phei.com.cn。

本书咨询联系方式:mengyu@phei.com.cn。

前　言

习近平总书记在中国共产党第二十次全国代表大会上的报告中明确指出："以国家战略需求为导向，集聚力量进行原创性引领性科技攻关，坚决打赢关键核心技术攻坚战。"计算方法为我们在工程和科学研究中实现创新应用提供了重要的技术手段。

本书根据"计算方法"课程的教学重点，结合本领域研究方向和技术及实际应用情况而编写。

本书共 7 章，参考学时数为 36～50。第 1 章为引论，介绍误差来源、误差分析等；第 2 章为非线性方程的数值解法，介绍求解方程的迭代法、牛顿迭代法等；第 3 章为线性方程组的数值解法，介绍求解方程组的高斯消去法、矩阵三角分解法、迭代法等；第 4 章为插值法，介绍拉格朗日插值、牛顿插值等；第 5 章为曲线拟合的最小二乘法，介绍最小二乘法、正则方程组等；第 6 章为数值积分与数值微分，介绍牛顿-柯特斯公式、复化求积法、数值微分等；第 7 章为常微分方程初值问题的数值解法，介绍欧拉法、龙格-库塔法等。

本书在编写过程中注重理论与实践相结合，提供了丰富的工程案例分析，旨在培养读者利用数值分析方法解决实际问题的能力。

本书由西安理工大学金海燕担任主编，刘瑾、苏浩楠、刘璐、费蓉、王彬、李前、张园林担任副主编。其中，第 1、2 章及附录 A 由金海燕、苏浩楠、刘瑾编写，第 3 章由费蓉编写，第 4、5 章由李前编写，第 6、7 章由刘璐编写，扩展阅读由王彬、张园林编写。

另外，本书在编写过程中还参考并引用了一些文献，在此向被引用文献的所有作者表示衷心的感谢。

由于编者水平有限，书中难免存在一些疏漏，殷切希望广大读者批评指正。

编　者

2024 年 10 月

目　　录

第 1 章
引　　论

　　数值计算方法也称数值分析或计算方法，随着计算机的发展和普及，继理论分析和科学实验之后，在计算机上用数值方法进行科学计算已成为科学研究的另一种重要手段。求解各种数学问题的计算方法不仅在自然科学领域得到广泛应用，还渗透到包括生命科学、经济科学及社会科学的诸多领域。计算方法是应用数学的一个分支，是研究用计算机求解各种数学问题的数值方法及其理论的一门学科，是程序设计和对数值结果进行分析的依据与基础。本书结合实际工程应用，主要介绍在微积分、线性代数、常微分方程等基础数学中最常用的、行之有效的数值方法，主要内容包括非线性方程的数值解法、线性方程组的数值解法、插值法、曲线拟合的最小二乘法、数值积分与数值微分、常微分方程初值问题的数值解法。

　　在实际工程应用中，用计算机求解科学计算问题主要包括以下几个过程：提出实际问题→建立数学模型→选用或构造计算方法→程序设计→上机计算得到数值结果。选用或构造计算方法是其中的一个重要环节。

　　计算方法以数学问题为研究对象，但它并不研究数学本身的理论，而着重研究求解数学问题的数值方法及相关理论，包括误差分析、收敛性、数值稳定性等内容。因此，计算方法应具有以下几个特点。

　　（1）每个需要求解的数学问题都应该能够用计算机可直接处理的四则运算的有限形式（公式）表达出来。

　　（2）每种计算方法都要保证收敛性。计算方法的解（数值解）应该能够无限逼近精确解，并且能够保证数值的稳定性。

　　（3）每种计算方法都要具有良好的计算复杂度，即运算次数少，同时所需存储空间小。

　　将实际问题的数学模型形式化为数值问题，进而研究求解数值问题的计算方法，并设计高效的计算方法是计算方法的任务。数学问题可以通过离散化、逼近（近似）等操作转化成数值问题。数值问题是输入数据（问题中的自变量和原始数据）与输出数据之间函数关系的一种确定的、无歧义的描述。

　　在求解数学问题的过程中，如果采用的一系列计算公式中只有四则运算和逻辑运算等在计算机上能够执行的运算，那么这一系列计算公式称为数值方法。用数值方法求解数值问题，具有完整而准确的步骤的方法称为数值算法。因此，数值方法是数值算法的核心。

　　对于某一个数学问题，可能有很多不同的数值算法，当用计算机求解各种数学问题时，如何选择最优的数值算法就是计算方法研究的内容。

　　由于计算方法的研究对象和数值方法的广泛适用性，目前主流的数学工具软件（如MATLAB、Maple、Mathematica 等）已将绝大多数内容设计成简单函数，经过调用就能得到运行结果。但是由于实际问题的复杂性，以及数值算法自身的适用范围决定了应用中需要选择一种最优的数值算法，因此全面熟练掌握计算方法的原理、思想、内容、步骤等至关重要。

1.1　误差来源

　　在数值计算中，需要大量地用数据进行运算。这些数据可以分成两类，一类是精确地反映实际情况的数据，称为精确数、准确数或真值。例如，教室里有 42 名学生，这里的"42"就是真值。另一类是只能近似地反映实际情况的数据，称为近似值或某准确数的近似值。例如，通过测量得到桌子的长度为 956mm，一般说来，这个测量值"956"是不能精确地反映桌子实际长度的近似值。

　　一个数的真值与其近似值之差称为误差。误差在数值计算中是不可避免的，即在数值算法中，绝大多数情况是不存在绝对的严格和精确的。在考虑数值算法时，应充分分析误差产生的原因，并将误差控制在许可的范围内。

　　产生误差的原因是多方面的，可以根据误差产生的原因对误差进行分类。下面介绍工程上最常遇到的 4 类误差。

1.　模型误差

　　在定量分析客观事物时，要抓住其主要的本质方面，忽略其次要因素，建立已知量和未知量之间的数学关系式，即数学模型。因此，这样得到的数学模型只是客观现象的一种近似描述，而这种数学描述上的近似必然会产生误差。所建立的数学模型和客观事物的差距称为模型误差或描述误差。

　　例如，物体在重力作用下的自由落体运动方程为

$$s = \frac{1}{2}gt^2$$

其中，g 为重力加速度（m/s²）；s 为下落距离（m）；t 为下落时间（s）。该方程就是自由落体的数学模型，它忽略了空气阻力这个因素，因而由此求出的某一时刻 t 的下落距离 s 必然是近似的、有误差的。

2．观测误差

在所建立的各种计算公式中，通常会包括一些参数，而这些参数往往是通过观测或实验得到的，它们与真值有一定的差异，这就给计算带来了一定的误差，这种误差称为观测误差或测量误差。

自由落体运动方程中的重力加速度 g 和下落时间 t 就是通过观测得到的。观测值的精度与测量仪器的精密程度、操作仪器的人等因素有关。

3．截断误差

在计算方法中，不研究模型误差和观测误差，总是认为数学模型正确、合理地反映了客观实际，而只对求解数学模型时产生的误差进行分析和研究。求解数学模型时常遇到的误差是截断误差和舍入误差。

很多数学运算都是通过极限过程来定义的，而计算机只能完成有限次的算术运算与逻辑运算。因此，在实际应用时，需要将解题方案加工成算术运算与逻辑运算的有限序列，即表现为无穷过程的截断，这种由无穷过程用有限过程近似引起的误差即模型的精确解与用数值算法求得的精确解之差，称为截断误差或方法误差。例如，数学模型是以下无穷级数：

$$\sum_{k=0}^{+\infty} \frac{1}{k!} f^{(k)}(x_0)$$

在实际计算时，只能取前面的有限项（如 n 项）

$$\sum_{k=0}^{n-1} \frac{1}{k!} f^{(k)}(x_0)$$

来代替，这样就舍弃了无穷级数的后半段，因而出现了误差，这种误差就是一种截断误差。这个数学模型的截断误差为

$$\sum_{k=0}^{+\infty} \frac{1}{k!} f^{(k)}(x_0) - \sum_{k=0}^{n-1} \frac{1}{k!} f^{(k)}(x_0) = \sum_{k=n}^{+\infty} \frac{1}{k!} f^{(k)}(x_0)$$

4．舍入误差

计算机执行数值算法时，由于受计算机字长的限制，参与运算的数据只能取有限位，因此原始数据在计算机中的表示可能会产生误差，而后续的每次运算又可能产生新的误差，这种误差称为舍入误差或计算误差。例如，圆周率 $\pi = 3.1415926\cdots$，$\sqrt{2} = 1.41421356\cdots$，$\frac{1}{3} = 0.3333\cdots$，等等。在计算机上表示这些数时只能用有限位小数，如果取到小数点后 4 位进

行四舍五入，则 $3.1416-\pi=0.0000073\cdots$， $1.4142-\sqrt{2}=-0.000013\cdots$， $0.3333-\dfrac{1}{3}=$ $-0.000033\cdots$就是舍入误差。再如，计算机进行 4 位数与 4 位数的乘法运算，如果乘积也只允许保留 4 位，通常对第 5 位数字进行四舍五入，那么这时产生的误差就是舍入误差。

1.2　误差分析

定义 1-1　设 x^* 是真值 x 的一个近似值，则

$$e(x^*)=x-x^* \tag{1-1}$$

其中，$e(x^*)$ 称为近似值 x^* 的绝对误差，简称误差。在不易混淆时，$e(x^*)$ 简记为 e^*。

从定义 1-1 中可以看出，e^* 可正可负，当 $e^*>0$ 时，x^* 称为 x 的弱（不足）近似值；当 $e^*<0$ 时，x^* 称为 x 的强（过剩）近似值。$|e^*|$ 的大小标志着 x^* 的精度。一般而言，在同一量的不同近似值中，$|e^*|$ 越小，x^* 的精度越高，e^* 有量纲。

一般情况下，我们无法准确地知道 e^* 的大小，但根据具体测量或计算情况，可以事先估计出其绝对值不超过某个正数 ε，这个正数 ε 就称为误差绝对值的上界或绝对误差限。

定义 1-2　如果

$$|e^*|=|x-x^*|\leqslant\varepsilon(x^*) \tag{1-2}$$

则称 $\varepsilon(x^*)$ 为 x^* 近似 x 的绝对误差限，简称误差限（界），用它可以反映近似值的精度。在不易混淆时，$\varepsilon(x^*)$ 简记为 ε^*。

从定义 1-2 中可以看出，ε^* 是一个正数，又因为在任何情况下都有

$$|x-x^*|\leqslant\varepsilon^*$$

即

$$x^*-\varepsilon^*\leqslant x\leqslant x^*+\varepsilon^*$$

表明真值 x 在区间 $[x^*-\varepsilon^*,\ x^*+\varepsilon^*]$ 内，用 $x=x^*\pm\varepsilon^*$ 来表示近似值 x^* 的精度或真值所在的范围。同样有 $-\varepsilon^*\leqslant e^*\leqslant\varepsilon^*$，即 $|e^*|$ 在 ε^* 的范围内，因此 ε^* 应取得尽可能小。例如，$x=4.376$ $2816\cdots$，取近似值 $x^*=4.376$，则 $x-x^*=0.0002816\cdots$，这时

$$|e^*|=0.0002816\cdots<0.0003=0.3\times10^{-3}$$

同样

$$|e^*|=0.0002816\cdots<0.00029=0.29\times10^{-3}$$

显然，0.3×10^{-3} 和 0.29×10^{-3} 都是 $|e^*|$ 的上界，都可以作为近似值的绝对误差限，即

$$\varepsilon^*=0.3\times10^{-3}\text{ 或 }\varepsilon^*=0.29\times10^{-3}$$

由此可见，绝对误差限 ε^* 不是唯一的，这是因为一个数的上界不唯一。但是 ε^* 越小，

x^* 近似真值 x 的程度越好，即 x^* 的精度越高。在实际应用中，往往根据需要对真值取近似值，按四舍五入原则取近似值是最常用的取近似值的方法。

例 1-1 用一把有毫米刻度的尺子测量桌子的长度，读出来的值 $x^*=1235\text{mm}$，这是桌子的实际长度 x 的一个近似值，由尺子的精度可知，这个近似值的误差不会超过 0.5mm，即

$$|x - x^*| = |x - 1235\text{mm}| \leqslant 0.5\text{mm}$$

$$1234.5\text{mm} \leqslant x \leqslant 1235.5\text{mm}$$

表明真值 x 在区间[1234.5, 1235.5]内，可以写为

$$x = (1235 \pm 0.5)\text{mm}$$

这里的 $\varepsilon^* = 0.5\text{mm}$，即绝对误差限是测量仪器最小刻度的半个单位。

下面讨论四舍五入的绝对误差限。

设 x 为一实数，其十进制表示的标准形式（十进制规格化浮点数形式）为

$$x = \pm 0.x_1 x_2 \cdots \times 10^m$$

其中，m 是整数；$x_1, x_2, \cdots$ 是 $0, 1, \cdots, 9$ 中的任一数，但 $x_1 \neq 0$。若经过四舍五入，保留 n 位数字，则得到近似值

$$x^* = \begin{cases} \pm 0.x_1 x_2 \cdots x_n \times 10^m, & x_{n+1} \leqslant 4（四舍） \\ \pm 0.x_1 x_2 \cdots x_{n-1}(x_n + 1) \times 10^m, & x_{n+1} \geqslant 5（五入） \end{cases}$$

四舍时的绝对误差为

$$|x - x^*| = (0.x_1 x_2 \cdots x_n x_{n+1} \cdots - 0.x_1 x_2 \cdots x_n) \times 10^m$$

$$\leqslant (0.x_1 x_2 \cdots x_n 499 \cdots - 0.x_1 x_2 \cdots x_n) \times 10^m$$

$$= 10^m \times 0.\underbrace{0 \cdots 0}_{n \uparrow 0} 499 \cdots \leqslant \frac{1}{2} \times 10^{m-n}$$

五入时的绝对误差为

$$|x - x^*| = (0.x_1 x_2 \cdots x_{n-1}(x_n + 1) \cdots - 0.x_1 x_2 \cdots x_n \cdots) \times 10^m$$

$$= (0.\underbrace{0 \cdots 0}_{n-1 \uparrow 0} 1 - 0.\underbrace{0 \cdots 0}_{n \uparrow 0} x_{n+1} \cdots) \times 10^m$$

$$\leqslant 10^{m-n}(1 - 0.x_{n+1})$$

由于此时 $x_{n+1} \geqslant 5$，因此 $1 - 0.x_{n+1} \leqslant \frac{1}{2}$，从而有

$$|x - x^*| \leqslant \frac{1}{2} \times 10^{m-n} \tag{1-3}$$

于是，四舍五入得到的近似值的绝对误差限是其末位的半个单位，即

$$\varepsilon^* = \frac{1}{2} \times 10^{m-n}$$

例 1-2　圆周率 $\pi=3.14159\cdots$，四舍五入取小数点后 4 位时，近似值为 3.1416，此时，$m=1$，$n=5$，$m-n=1-5=-4$，故绝对误差限 $\varepsilon^*=\dfrac{1}{2}\times 10^{-4}$。同样，取小数点后 2 位时，近似值为 3.14，其绝对误差限 $\varepsilon^*=\dfrac{1}{2}\times 10^{-2}$。

对于四舍五入取得的近似值，后续将专门定义有效数字来描述它。

在同一量的近似值中，显然绝对误差小的精度高，但是绝对误差不能比较不同条件下的精度。例如，测量 10mm 的误差是 1mm 与测量 1km 的误差是 2cm 相比，后者比前者的绝对误差大，但后者比前者的精度高得多，这是因为一个近似值的精度不仅与绝对误差有关，还与该量本身的大小有关，为此引入相对误差的概念。

定义 1-3　相对误差是近似值 x^* 的绝对误差 e^* 与真值 x 的比值，即

$$\frac{e^*}{x}=\frac{x-x^*}{x},\quad x\neq 0 \tag{1-4}$$

相对误差说明了近似值 x^* 的绝对误差 e^* 与 x 本身比较所占的比例，它反映了一个近似值的精度，相对误差越小，近似值的精度越高。但由于真值 x 总是未知的，因此在实际问题中，常取相对误差为

$$e_{\mathrm{r}}(x^*)=\frac{e^*}{x^*}=\frac{x-x^*}{x^*} \tag{1-5}$$

在不易混淆时，将 $e_{\mathrm{r}}(x^*)$ 简记为 e_{r}^*。

当 $|e_{\mathrm{r}}^*|=\left|\dfrac{e^*}{x^*}\right|$ 较小时，e_{r}^* 的平方级

$$\frac{e^*}{x^*}-\frac{e^*}{x}=\frac{e^*(x-x^*)}{x^*x}=\frac{(e^*)^2}{x^*(x^*+e^*)}=\frac{\left(\dfrac{e^*}{x^*}\right)^2}{1+\dfrac{e^*}{x^*}}$$

会更小，因此可忽略不计。在实际问题中，按式（1-5）取相对误差是合理的。

在实际计算中，由于 e^* 和 x 都不能准确地求得，因此相对误差 e_{r}^* 也不可能准确得到，与绝对误差类似，我们只能估计相对误差的范围。

相对误差可正可负，取其绝对值的上界为相对误差限，由于 ε^* 是 x^* 的绝对误差限，因此，$\dfrac{\varepsilon^*}{|x^*|}$ 是 x^* 的相对误差限，定义如下。

定义 1-4

$$|e_{\mathrm{r}}^*|=\left|\frac{e^*}{x^*}\right|=\left|\frac{x-x^*}{x^*}\right|\leqslant\frac{\varepsilon^*}{|x^*|}=\varepsilon_{\mathrm{r}}(x^*) \tag{1-6}$$

其中，$\varepsilon_{\mathrm{r}}(x^*)$ 称为相对误差限，在实际计算中一般作为相对误差。在不易混淆时，$\varepsilon_{\mathrm{r}}(x^*)$

可简记为 ε_r^*。显然，相对误差是无量纲的，通常用百分数表示。

由定义 1-4 可知，相对误差限可由绝对误差限求出；反之，绝对误差限也可由相对误差限求出，即

$$\varepsilon^* = |x^*| \varepsilon_r^*$$

例 1-3　光速 $c^* = (2.997925 \pm 0.000001) \times 10^{10}\,\text{cm/s}$，其相对误差限 $\varepsilon_r^* = \dfrac{\varepsilon^*}{|c^*|} = \dfrac{0.000001}{2.997925} \approx$

3.34×10^{-7}，其中，$c^* = 2.997925 \times 10^{10}\,\text{cm/s}$ 是目前光速公认值（测量值）。

例 1-4　取 3.14 作为圆周率 π 的四舍五入近似值，试求其相对误差限。

解　由于四舍五入近似值 $x^* = 3.14$ 的绝对误差限为 $\varepsilon^* = \dfrac{1}{2} \times 10^{-2}$，因此其相对误差限为

$$\varepsilon_r^* = \frac{\varepsilon^*}{|x^*|} = \frac{\dfrac{1}{2} \times 10^{-2}}{3.14} \approx 0.159\%$$

1.3　有效数字

有效数字是近似值的一种表示方法，它不但能表示近似值的大小，而且不用计算近似值的绝对误差和相对误差，直接由组成近似值的数字个数就能表示其精度。

定义 1-5　将真值 x 的近似值 x^* 写成 $x^* = 0.x_1 x_2 \cdots x_n \cdots \times 10^m$ 的形式，其中，x_i 为 0～9 的任意数，且 $x_1 \neq 0$，$i = 1, 2, 3, \cdots$，m 为整数，若

$$|x - x^*| \leqslant \frac{1}{2} \times 10^{m-n} \tag{1-7}$$

则称 x^* 作为 x 的近似值具有 n 位有效数字，$x_1 x_2 \cdots x_n$ 是 x^* 的有效数字。

x^* 的有效数字位数可以是无穷的，也可以是有限的。数值计算中得到的近似值的有效数字位数通常是有限的。

例 1-5　用 $\dfrac{22}{7}$ 作为圆周率 π 的近似值，它有几位有效数字？

解　由题意可得

$$\left| \pi - \frac{22}{7} \right| \approx |3.141592\cdots - 3.142857|$$

$$= 0.001264\cdots < \frac{1}{2} \times 10^{-2}$$

因为 $m - n = -2$，题中已知 $m = 1$，所以 $n = 3$，即 $\dfrac{22}{7}$ 作为 π 的近似值有 3 位有效数字。

例 1-6　取 3.142 和 3.141 作为圆周率 π 的近似值时各有几位有效数字？

解　$\pi = 3.141592\cdots$，当取 3.142 作为其近似值时，有

$$|\pi - 3.142| = 0.000407\cdots < 0.0005 = \frac{1}{2} \times 10^{-3}$$

即 $m-n = -3$，$m = 1$，$n = 4$，因此 3.142 作为 π 的近似值有 4 位有效数字。

当取 3.141 作为 π 的近似值时，有

$$|\pi - 3.141| = 0.00059\cdots < 0.005 = \frac{1}{2} \times 10^{-2}$$

即 $m-n = -2$，$m=1$，$n=3$，因此 3.141 作为 π 的近似值有 3 位有效数字，即 3.14 是有效数字，其精确到百分位，千分位的 1 不是有效数字。

因为四舍五入得到的近似值的绝对误差限 ε^* 是其末位的半个单位，即

$$\varepsilon^* = \frac{1}{2} \times 10^{m-n}$$

所以四舍五入得到的近似值全部是有效数字，即有 n 位有效数字。例如，四舍五入得到的近似值

$$0.23，23，23.00$$

分别有 2 位、2 位和 4 位有效数字。

同样，若四舍五入取真值的前 n 位作为近似值 x^*，则 x^* 有 n 位有效数字，即其中每位数字都是 x^* 的有效数字。例如，取

$$3.14，3.1416$$

作为圆周率 π 的近似值，分别有 3 位和 5 位有效数字。3.142 是 π 四舍五入得到的近似值，有 4 位有效数字；3.141 不是 π 四舍五入得到的近似值，由有效数字的定义计算得出其不具有 4 位有效数字，这和例 1-6 的结论是一致的。

如果 x^* 准确到某位数字，对这位以后的数字进行四舍五入，则不一定能得到有效数字。例如，3.145 作为 π 的近似值准确到百分位，将其四舍五入得到 3.15，由有效数字的定义计算可得 3.15 作为 π 的近似值只有 2 位有效数字，其最后一位 5 不是有效数字。

在数值计算中约定，原始数据都用有效数字表示。凡是不标明绝对误差限的近似值都认为是有效数字，这样就可以从一个近似值的表达式中知道其绝对误差限或精度。一般来说，有效数字位数多的近似值的精度高。

关于有效数字，还需要说明以下几点。

（1）若四舍五入取真值的前 n 位作为近似值 x^*，则 x^* 必有 n 位有效数字。

例如，$\pi=3.1415926\cdots$ 取 3.14 作为近似值有 3 位有效数字，取 3.142 作为近似值有 4 位有效数字。

（2）有效数字位数相同的两个近似值的绝对误差不一定相同。

例如，设 $x_1^* = 12345$，$x_2^* = 12.345$，两者均有 5 位有效数字，前者的绝对误差为 $\frac{1}{2} \times 1$，后者的绝对误差为 $\frac{1}{2} \times 10^{-3}$。

（3）将任何数乘以 10^p（ $p=0,\pm1,\pm2,\cdots$ ）等于向左或向右移动该数的小数点位置，这样并不影响其有效数字位数。

例如， $g=9.80\text{m/s}^2$ 具有 3 位有效数字， $g=0.00980\times10^3\text{m/s}^2$ 也具有 3 位有效数字，但 9.8m/s^2 与 9.80m/s^2 的有效数字位数是不同的，前者有 2 位有效数字，后者有 3 位有效数字。因此，要注意诸如 0.1, 0.10, 0.100, … 的不同含义。

如果整数并不全是有效数字，则可用浮点数表示。例如，已知近似值 300000 的绝对误差限不超过 500，即 $\frac{1}{2}\times10^3$，则应把它表示成 $x^*=300\times10^3$ 或 0.300×10^6。若记 $x^*=300000$，则表示其绝对误差限不超过 $\frac{1}{2}$。这是因为

$$|x-300\times10^3|=|x-0.300\times10^6|\leqslant500=\frac{1}{2}\times10^{6-3}$$

即 $m=6$，$n=3$，而

$$300000=10^6\times(3\times10^{-1}+0\times10^{-2}+\cdots+0\times10^{-6})$$

且

$$|x-300000|\leqslant\frac{1}{2}\times10^{6-6}$$

即 $m=6$，$n=6$。

因此，前者有 3 位有效数字，后者有 6 位有效数字。

例 1-7 某地粮食产量为 875 万吨（t，$1\text{t}=10^3\text{kg}$），表示为

$$875\text{ 万吨}=875\times10^4\text{ 吨}=0.875\times10^7\text{ 吨}$$

绝对误差限为 $\frac{1}{2}\times10^4$ 吨或 $\frac{1}{2}\times10^{-3}\times10^7$ 吨，即 $\frac{1}{2}$ 万吨。而 875 万吨不能表示成 8750000 吨，因为这时绝对误差限为 $\frac{1}{2}$ 吨。

有效数字位数与小数点后有多少位无关。但是具有 n 位有效数字的近似值 x^*，其绝对误差限为 $\varepsilon^*=\frac{1}{2}\times10^{m-n}$，在 m 相同的情况下，n 越大，ε^* 越小。一般来说，同一真值的近似值的有效数字位数越多，绝对误差限越小。

（4）真值被认为具有无穷多位有效数字。

例如，直角三角形的面积公式 $S=\frac{1}{2}ah=0.5ah$，其中，a 是底边，h 是高，我们不能认为公式中用 0.5 表示 $\frac{1}{2}$ 时只有 1 位有效数字，因为 0.5 是真值，没有误差，$\varepsilon^*=0$，即 $n\to+\infty$，所以真值具有无穷多位有效数字。至于底边 a 和高 h，其是测量得到的，因此是近似值，应根据测量仪器的精度来确定其有效数字位数。

根据有效数字与相对误差的定义可以得出二者之间的关系。

定理 1-1 若近似值 $x^* = \pm 0.x_1 x_2 \cdots x_n \cdots \times 10^m$ 具有 n 位有效数字，则其相对误差为

$$|e_r^*| \leqslant \frac{1}{2x_1} \times 10^{-(n-1)} \qquad (1\text{-}8)$$

证 由于

$$x^* = \pm 0.x_1 x_2 \cdots x_n \cdots \times 10^m$$

$$|x^*| \geqslant x_1 \times 10^{m-1}$$

又由于 x^* 具有 n 位有效数字，因此有

$$|x - x^*| \leqslant \frac{1}{2} \times 10^{m-n}$$

故有

$$|e_r^*| = \left| \frac{x - x^*}{x^*} \right| \leqslant \frac{\frac{1}{2} \times 10^{m-n}}{x_1 \times 10^{m-1}} = \frac{1}{2x_1} \times 10^{-(n-1)}$$

即

$$|e_r^*| \leqslant \frac{1}{2x_1} \times 10^{-(n-1)}$$

在实际应用中，可以取

$$e_r^* = \frac{1}{2x_1} \times 10^{-(n-1)}$$

由于 n 越大，ε_r^* 越小，因此有效数字位数越多，相对误差越小。

例 1-8 取 3.14 作为圆周率 π 的四舍五入近似值，试求其相对误差。

解 π 的四舍五入近似值 3.14 的各位都是有效数字，即 $n=3$，根据定理 1-1，可得相对误差满足

$$e_r^* \leqslant \frac{1}{2 \times 3} 10^{-(3-1)} \approx 0.17\%$$

因此相对误差限 ε_r^* 为 0.17%。

3.14 作为圆周率 π 的四舍五入近似值，由绝对误差限计算出的相对误差限是 0.159%（见例 1-4），而由有效数字计算出的相对误差限是 0.17%，前者比后者的准确程度好，这是因为后者代表了从 3.00 到 3.99 具有 3 位有效数字时的相对误差限，而前者只代表了取近似值 3.14 时的相对误差限。

例 1-9 已知近似值 x^* 有 2 位有效数字，试求其相对误差限 ε_r^*。

解 由已知得 $n=2$，$\varepsilon_r^* = \frac{1}{2x_1} \times 10^{-(2-1)}$，但第 1 位有效数字 x_1 未给出，因此有

$$\begin{cases} x_1=1,\ \varepsilon_r^*=\dfrac{1}{2\times 1}\times 10^{-(2-1)}=5\% \\[2mm] x_2=9,\ \varepsilon_r^*=\dfrac{1}{2\times 9}\times 10^{-(2-1)}\approx 0.56\% \end{cases}$$

可按最不利的情况取 $x_1=1$，此时相对误差限 $\varepsilon_r^*=5\%$ 最大。

定理 1-1 中的条件只是一个充分条件，而不是必要条件。也就是说，近似值的有效数字位数越多，其相对误差越小；但是，相对误差越小，有效数字位数只是有可能越多。例如，一个近似值 x^* 的相对误差满足定理 1-1 的表达式，并不能保证 x^* 一定具有 n 位有效数字。这由定理 1-1 的证明过程可以看出。举例来说，$x=\sin 29°20'\approx 0.4900$，取它的一个近似值 $x^*=0.484$，其相对误差限为

$$e_r^*=\left|\frac{0.4900-0.484}{0.484}\right|\approx 0.012397<0.0125=\frac{1}{2\times 4}\times 10^{-(2-1)}$$

不能由此推出 x^* 有 2 位有效数字。根据有效数字的定义计算得

$$|x-x^*|=|0.4900-0.484|=0.0060>0.005$$

可以看出，近似值 x^* 并不具有 2 位有效数字。

在实际应用时，为使所取的近似值的相对误差满足一定的要求，可以用式（1-8）来确定所取的近似值应具有多少位有效数字。

例 1-10　求 $\sqrt{6}$ 的近似值，使其相对误差不超过 $\dfrac{1}{2}\times 10^{-3}$。

此题的含义是取几位有效数字就能使近似值的相对误差不超过 $\dfrac{1}{2}\times 10^{-3}$，而不是已知该近似值的相对误差不超过 $\dfrac{1}{2}\times 10^{-3}$ 时有几位有效数字。

解　因为 $\sqrt{6}=2.4494\cdots$，所以 $x_1=2$，设 x^* 有 n 位有效数字，则由 $\varepsilon_r^*=\dfrac{1}{2x_1}\times 10^{-(n-1)}$ 有

$$\frac{1}{2\times 2}\times 10^{-(n-1)}\leqslant \frac{1}{2}\times 10^{-3}$$

求出满足此不等式的最小正数 $n=4$，故取 $x^*=2.449$。

由于定理 1-1 是对所有具有 n 位有效数字的近似值都正确的结论，因此对相对误差限的估计偏大。对于本例题，根据相对误差确定具有的有效数字位数有可能偏多，实际上取 3 位有效数字就能满足要求，即取 2.45 作为 $\sqrt{6}$ 的近似值，其相对误差为

$$\left|\frac{\sqrt{6}-2.45}{2.45}\right|\approx 0.0208\%$$

已小于 $\dfrac{1}{2}\times 10^{-3}$。

已知近似值的相对误差时，可用如下定理确定其有效数字位数。

定理 1-2 若近似值 $x^* = \pm 0.x_1x_2\cdots x_n\cdots \times 10^m$ 的相对误差为

$$|e_r^*| \leqslant \frac{1}{2(x_1+1)} \times 10^{-(n-1)} \tag{1-9}$$

则该近似值至少具有 n 位有效数字。

证 因为

$$x^* = \pm 0.x_1x_2\cdots x_n\cdots \times 10^m$$

$$|x^*| \leqslant (x_1+1) \times 10^{m-1}$$

$$|x - x^*| = \frac{|x-x^*|}{|x^*|}|x^*| \leqslant \frac{1}{2(x_1+1)} \times 10^{-(n-1)} \times (x_1+1) \times 10^{m-1}$$

$$= \frac{1}{2} \times 10^{m-n}$$

由有效数字的定义可知，x^* 具有 n 位有效数字。

例 1-11 已知近似值的相对误差为 0.25%，问其可能有几位有效数字。

解 将已知量代入式（1-9）得

$$0.25\% = \frac{1}{2(x_1+1)} \times 10^{-(n-1)}$$

x_1 未给出，取 $\begin{cases} x_1=1, & n=3 \\ x_2=9, & n=2.3 \end{cases}$，按最不利的情况取，$x^*$ 至少有 2 位有效数字。

定理 1-2 中的条件也只是一个充分条件，不是必要条件，即若 x^* 具有 n 位有效数字，则其相对误差也不一定满足定理 1-2 中的表达式。因为定理 1-2 中的表达式成立时，x^* 的有效数字位数可能多于 n 位。

例 1-12

$$x = \sqrt{20} \approx 4.47$$

具有 3 位有效数字，取近似值

$$x^* = 4$$

$$|x - x^*| = |4.47 - 4| < 0.5 = \frac{1}{2} \times 10^{1-1}$$

可知，$x^* = 4$ 具有 1 位有效数字，但其相对误差限

$$\varepsilon_r^* = \left|\frac{x-x^*}{x^*}\right| = \frac{0.47}{4} > \frac{1}{2 \times (4+1)} \times 10^{-(1-1)} = 0.1$$

不满足式（1-9）。

在实际应用时，为了使取得的近似值具有 n 位有效数字，通常要求所取的近似值的

相对误差满足式（1-9）。

由绝对误差、相对误差、有效数字的定义和定理 1-1、定理 1-2 可以看出，有效数字位数表征了近似值的精度，绝对误差与小数点后的位数有关，相对误差与有效数字位数有关。

在数值计算中，一般认为所有原始数据都是有效数字。计算值具有有效数字位数的多少是评定计算方法好坏的主要标准。

1.4 数值稳定性分析

1.4.1 函数运算误差

当自变量有误差时，一般情况下，相应的函数值也会产生误差，可用函数的泰勒展开式分析这种误差。

设一元函数 $f(x)$ 的自变量 x 的近似值为 x^*，一元函数 $f(x)$ 的近似值为 $f(x^*)$，其绝对误差限记为 $\varepsilon[f(x^*)]$，对 $f(x)$ 在近似值 x^* 附近进行泰勒展开，可得

$$f(x) = f(x^*) + f'(x^*)(x - x^*) + \frac{f''(\xi)}{2}(x - x^*)^2$$

ξ 介于 x 和 x^* 之间，取绝对值得

$$|f(x) - f(x^*)| \leqslant |f'(x^*)|\varepsilon^* + \frac{f''(\xi)}{2}(\varepsilon^*)^2$$

其中，ε^* 为近似值 x^* 的绝对误差限。

设 $f'(x^*)$ 与 $f''(x^*)$ 相差不大，可忽略 ε^* 的高次项，则可得出函数运算的绝对误差限和相对误差限：

$$\varepsilon[f(x^*)] \approx |f'(x^*)|\varepsilon^* \qquad (1\text{-}10)$$

$$\varepsilon_{\mathrm{r}}[f(x^*)] \approx \left|\frac{f'(x^*)}{f(x^*)}\right|\varepsilon^* \qquad (1\text{-}11)$$

设多元函数 $y = f(x_1, x_2, \cdots, x_n)$ 的自变量 $x_1, x_2, \cdots, x_n$ 的近似值为 $x_1^*, x_2^*, \cdots, x_n^*$，多元函数 y 的近似值为 $y^* = f(x_1^*, x_2^*, \cdots, x_n^*)$，函数值 y^* 的运算误差可用函数 y 的泰勒展开式得到，即

$$f(x_1, x_2, \cdots, x_n) \approx f(x_1^*, x_2^*, \cdots, x_n^*) + \sum_{i=1}^{n} \frac{\partial f(x_1^*, x_2^*, \cdots, x_n^*)}{\partial x_i}(x_i - x_i^*)$$

记 $\dfrac{\partial f(x_1^*, x_2^*, \cdots, x_n^*)}{\partial x_i} = \left(\dfrac{\partial f}{\partial x_i}\right)^*$，则上式简记为

$$e(y^*) \approx \sum_{i=1}^{n} \frac{\partial f(x_1^*, x_2^*, \cdots, x_n^*)}{\partial x_i}(x_i - x_i^*)$$

$$= \sum_{i=1}^{n} \left(\frac{\partial f}{\partial x_i}\right)^* e_i^*$$

于是绝对误差限为

$$\varepsilon(y^*) = \sum_{i=1}^{n} \left|\left(\frac{\partial f}{\partial x_i}\right)^*\right| \varepsilon^* \qquad （1\text{-}12）$$

相对误差限为

$$\varepsilon_r(y^*) = \sum_{i=1}^{n} \left|\left(\frac{\partial f}{\partial x_i}\right)^*\right| \frac{\varepsilon^*}{y^*} \qquad （1\text{-}13）$$

利用式（1-12）和式（1-13）可得和、差、积、商的误差估计。

例 1-13 设 $x > 0$，x 的相对误差为 2%，求 x^n 的相对误差。

解 因为 x 有相对误差，所以设 x 是真值 $\bar{x}$ 的一个近似值，利用式（1-10）有 $e(x^n) \approx nx^{n-1}(\bar{x} - x)$，由式（1-11）有

$$e_r(x^n) \approx \frac{nx^{n-1}(\bar{x} - x)}{x^n} = n\frac{\bar{x} - x}{x} = 2n\%$$

1.4.2 算术运算误差

对和式 $y = f(x_1, x_2, \cdots, x_n) = x_1 \pm x_2 \pm \cdots \pm x_n$ 进行误差估计。

因为

$$\left|\frac{\partial f}{\partial x_i}\right| = 1$$

所以

$$e(y^*) = \sum_{i=1}^{n} e_i^*$$

$$|e(y^*)| \leqslant \sum_{i=1}^{n} |e_i^*|$$

即和的绝对误差不超过各加数的绝对误差之和。为估计误差，设 $x_i^* > 0$，$i = 1, 2, \cdots, n$，可得

$$|e_r(y^*)| \leqslant \max_{1 \leqslant i \leqslant n} |e_r(x_i^*)|$$

即和的相对误差不超过各加数中最不准确的一项的相对误差。

同理，可得乘、除运算的误差，这里以两数 x_1 和 x_2 为例写出：

$$|e(x_1^* x_2^*)| \approx |x_1^*||e(x_2^*)| + |x_2^*||e(x_1^*)| \qquad\qquad（1\text{-}14）$$

$$\left|e\left(\frac{x_1^*}{x_2^*}\right)\right| \approx \frac{|x_1^*||e(x_2^*)| + |x_2^*||e(x_1^*)|}{(x_2^*)^2}, \quad x_2^* \neq 0 \qquad（1\text{-}15）$$

例 1-14　已测得某场地长 l 的值 $l^*=110$m，宽 d 的值 $d^*=80$m，已知 $|l-l^*| \leqslant 0.2$m，$|d-d^*| \leqslant 0.1$m，求场地面积 $S = ld$ 的绝对误差限和相对误差限。

解　因为 $S = ld$，$\dfrac{\partial S}{\partial l} = d$，$\dfrac{\partial S}{\partial d} = l$，所以

$$\varepsilon(S^*) \approx \left|\left(\frac{\partial S}{\partial l}\right)^*\right|\varepsilon(l^*) + \left|\left(\frac{\partial S}{\partial d}\right)^*\right|\varepsilon(d^*)$$

其中

$$\left(\frac{\partial S}{\partial l}\right)^* = d^* = 80\text{m}，\quad \left(\frac{\partial S}{\partial d}\right)^* = l^* = 110\text{m}$$

$$\varepsilon(d^*) = 0.1\text{m}，\quad \varepsilon(l^*) = 0.2\text{m}$$

于是 S 的绝对误差限为

$$\varepsilon(S^*) \approx (80 \times 0.2 + 110 \times 0.1)\text{m}^2 = 27\text{m}^2$$

S 的相对误差限为

$$\varepsilon_{\mathrm{r}}(S^*) = \frac{\varepsilon(S^*)}{|S^*|} = \frac{\varepsilon(S^*)}{l^* d^*} = \frac{27}{8800} \approx 0.31\%$$

例 1-15　正方形的边长约为 100cm，怎样测量才能使其面积误差不超过 1cm^2 呢？

解：设正方形的边长为 x，测量值为 x^*，则其面积为

$$y = f(x) = x^2$$

由于 $f'(x) = 2x$，记自变量和函数的绝对误差分别是 e^* 与 $e(y^*)$，因此有

$$e^* = x - x^*$$

$$e(y^*) = y - y^* \approx f'(x^*)(x - x^*) = 2x^* e^* = 200e^*$$

现要求 $|e(y^*)| \approx 200e^* < 1$，于是

$$|e^*| \leqslant \left(\frac{1}{200}\right)\text{cm} = 0.005\text{cm}$$

要使正方形的面积误差不超过 1cm^2，测量边长时的绝对误差应不超过 0.005cm。

1.4.3　数值稳定性的概念

定量地分析舍入误差的积累对大多数算法来说是非常困难的，为了推断舍入误差是否影响结果的可靠性，提出了数值稳定性的概念。

在执行算法的过程中，如果舍入误差在一定条件下能够得到控制（或者说舍入误差的增长不影响产生可靠的结果），则该算法是数值稳定的，否则是数值不稳定的。

算法数值稳定的一个必要条件是原始数据小的变化只会引起最后结果有小的变化。具体地说，假定原始数据有误差 ε，而且算法执行过程中的一切误差仅由 ε 引起。设结果的误差为 e，则数值稳定的算法必须满足"当 ε 相对于原始数据不太大时，e 相对于结果也不太大"。

在实际运算过程中，参与运算的数值一般会带有一定的误差，这个误差或者是初值本身就有的（如观测误差、估算误差等），或者是由于受计算机有效数字位数的限制造成的舍入误差。这些原始数据的误差（也称摄动），以及在运算过程中产生的舍入误差即使很小，也会随着计算过程的进行而不断地传播下去，对以后的结果产生一定的影响。所谓数值稳定性问题，就是误差的传播（或积累）是否受控制的问题。如果结果对原始数据的误差及计算过程中的舍入误差不敏感，则可认为算法是数值稳定的，否则就是数值不稳定的。由于原始数据来自工程实际，因此往往是近似的，而且在计算过程中不可避免地会产生舍入误差，于是在确定算法时，必须考虑数值稳定性问题。

例如，要计算积分 $I_n = \int_0^1 x^n e^{x-1} dx$，由分部积分法得

$$I_n = x^n e^{x-1} \Big|_0^1 - n \int_0^1 x^{n-1} e^{x-1} dx$$

可以得到计算 I_n 的递推公式为

$$I_n = 1 - n I_{n-1}, \quad n = 1, 2, \cdots$$

假设计算过程保留 4 位小数，计算 9 个积分值（$I_0, I_1, \cdots, I_8$）。首先算出 $I_0 = e^{-1} \int_0^1 e^x dx = 1 - e^{-1} \approx 0.6321$，然后按递推关系计算出 $I_1, I_2, \cdots, I_8$，如表 1-1 中的"第一列正向推算值"所示。可以看到，I_8 为负值，显然与 $I_n > 0$ 矛盾。事实上，I_7 和"第三列真值"（4 位有效数字）相比，已经连 1 位有效数字也没有了。产生这种现象的原因是 I_0 带有不超过 $\frac{1}{2} \times 10^{-4}$ 的误差，但这个原始数据的误差在以后的每次计算中都顺次乘以 $n = 1, 2, \cdots$ 而积累到 I_n 中，使得计算到 I_7 就完全不准确了。

表 1-1　数值稳定性示例

I_n	第一列正向推算值	第二列倒推值	第三列真值
I_0	0.6321	0.6321	0.6321
I_1	0.3679	0.3679	0.3669
I_2	0.2642	0.2642	0.2642
I_3	0.2074	0.2073	0.2073
I_4	0.1704	0.1709	0.1709
I_5	0.1480	0.1455	0.1455
I_6	0.1120	0.1268	0.1268
I_7	0.2160	0.1125	0.1124
I_8	−0.7280	0.1000	0.1008

如果将递推式改写为

$$I_{n-1} = (1 - I_n) / n \qquad\qquad （1\text{-}16）$$

则由积分估计式

$$e^{-1}(\min_{0 \leqslant x \leqslant 1} e^x) \int_0^1 x^n dx < I_n < e^{-1}(\max_{0 \leqslant x \leqslant 1} e^x) \int_0^1 x^n dx$$

有估计式

$$\frac{e^{-1}}{n+1} < I_n < \frac{1}{n+1}$$

当 $n=8$ 时，有 $0.0409 < I_8 < 0.1111$，取初值 $I_8=0.1000$，按递推式（1-16）对 $n=7,6,\cdots,1$ 进行倒推计算，计算中将小数点后第 5 位四舍五入得 $I_7, I_6, \cdots, I_0$，如表 1-1 中的"第二列倒推值"所示。可以看到，与"第三列真值"（4 位有效数字）相比，$I_5, I_4, \cdots, I_0$ 的各值全部为有效数字。这样计算的结果相对比较准确，其原因是 I_8 的误差传播到 I_7 时要乘以 $\frac{1}{8}$，直到计算 I_0 时，I_8 的误差已缩小为原始误差的 $\frac{1}{8!}$。

该例子说明，在确定算法时，应该选用数值稳定性好的计算公式。

1.4.4　减小运算误差

在数值计算过程中，由于计算工具只能对有限位数进行运算，因此，在运算过程中不可避免地要产生误差。如果能够掌握产生误差的规律，就可以把误差限制在最小的范围内。而实际上，运算过程中产生的误差大小通常又与运算步骤有关。一般来说，在分析运算误差时，要遵循以下原则。

（1）避免两个相近的数相减。

对于这个问题，可通过相对误差的概念加以说明。设

$$y = x - a$$

其中，a 和 x 均为真值。为简单起见，设 a 运算时不产生误差；而 x 有误差，其近似值为 x^*，由此可估计用 x^* 近似代替 x 时，y 的相对误差限为

$$\begin{aligned}
\varepsilon_r(y^*) &= \frac{\varepsilon(y^*)}{|y^*|} = \frac{|(x-a)-(x^*-a)|}{|x^*-a|} \\
&= \frac{|x-x^*|}{|x^*-a|} = \frac{\varepsilon(x^*)}{(x^*-a)}
\end{aligned}$$

由此可以看出，在 x^* 的绝对误差限 $\varepsilon(x^*)$ 不变时，x^* 越接近 a，y 的相对误差限 $\varepsilon_r(y^*)$ 越大，而相对误差限的增大必然会导致有效数字位数减少。

从数值计算实例来看，已知 2.01 和 2 皆为真值，计算 $u = \sqrt{2.01} - \sqrt{2}$，使其有 3 位有效数字。当取 $\sqrt{2.01}$ 和 $\sqrt{2}$ 都有 3 位有效数字时，有

$$u = \sqrt{2.01} - \sqrt{2} \approx 1.42 - 1.41 = 0.01$$

此时计算结果只有 1 位有效数字。为避免两个相近的数相减造成有效数字位数减少，往往需要针对具有减法运算的公式改变计算方法，如通过因式分解、分母有理化、三角公式、泰勒级数展开等，防止相近的数做减法运算。例如，可以对 u 的计算进行如下处理：

$$u = \sqrt{2.01} - \sqrt{2} = \frac{2.01 - 2}{\sqrt{2.01} + \sqrt{2}} \approx \frac{0.01}{1.42 + 1.41} \approx 3.53 \times 10^{-3}$$

这样用 3 位有效数字进行计算，其结果也有 3 位有效数字。

下面是一些常见的公式变换的例子。

当 x_1 和 x_2 接近时，有

$$\lg x_1 - \lg x_2 = \lg\left(\frac{x_1}{x_2}\right)$$

当 x 接近 0 时，有

$$\frac{1 - \cos x}{\sin x} = \frac{\sin x}{1 + \cos x}$$

当 x 充分大时，有

$$\arctan(x+1) - \arctan x = \arctan\frac{1}{1 + x(x+1)}$$

$$\sqrt{x+1} - \sqrt{x} = \frac{1}{\sqrt{x+1} + \sqrt{x}}$$

当 $f(x^*)$ 和 $f(x)$ 很接近，但又需要进行 $f(x) - f(x^*)$ 运算时，为避免有效数字位数减少，可用泰勒展开式：

$$f(x) - f(x^*) = f'(x^*)(x - x^*) + \frac{1}{2}f''(x^*)(x - x^*)^2 + \cdots$$

取右端的有限项近似左端。

如果计算公式不能改变，则可采用增加有效数字位数的方法。在上例中，当 $\sqrt{2.01}$ 和 $\sqrt{2}$ 都取 6 位有效数字时，结果有 3 位有效数字，即

$$u = \sqrt{2.01} - \sqrt{2} \approx 1.41774 - 1.41421 = 3.53 \times 10^{-3}$$

（2）防止大数"吃掉"小数。

计算机的存储位数有限，因此在进行加减法运算时，要进行对阶和规格化：以大数为基准，小数向大数对齐，即比较相加减的两个数的阶，将阶小的尾数向右移，每移一位阶码加 1，直到小数阶码与大数阶码一致，并对移位后的尾数多于字长的部分进行四舍五入；对尾数进行加减法运算，将尾数变为规格化形式。当参加运算的两个数的数量级相差很大时，如果不注意运算次序，就有可能把数量级小的数"吃掉"。例如，在 4 位浮点机上进行以下运算：

$$0.7315\times10^3 + 0.4506\times10^{-5}$$

对阶是 $0.7315\times10^3 + 0.0000\times10^3$，规格化是 0.7315×10^3，结果是大数"吃掉"了小数。

又如

$$0.8153+0.6303\times10^3$$

对阶是 $0.0008\times10^3+0.6303\times10^3$，规格化是 0.6311×10^3，结果是大数"吃掉"了部分小数。

再如，已知 $A=10^5$，$B=5$，$C=-10^5$。若按 $(A+B)+C$ 进行计算，则结果接近零，结果失真；若按 $(A+C)+B$ 进行计算，则结果接近正确结果 5。

防止大数"吃掉"小数特别要防止重要的物理量被"吃掉"。

例如，求解方程 $x^2-(10^5+1)x+10^5=0$，由因式分解可知其两个根分别是 10^5 和 1。用 5 位机求解时，$b=-(10^5+1)$，对阶和规格化后是 -10^5，之后按求根公式求出两个根是 10^5 和 0。在有些情况下，允许大数"吃掉"小数，如在计算 10^5 这个根时；而在另一些情况下则不允许，如在计算另一个根 0 时，可将计算公式加以改变。例如，用 $\dfrac{c}{ax_1}$ 来求解，即 $\dfrac{10^5}{1\times10^5}=1$，对这个根进行了"保护"。

例 1-16 在 5 位十进制计算机上计算

$$A=52492+\sum_{i=1}^{1000}\delta_i$$

其中，$0.1\leqslant\delta_i\leqslant0.9$。

解

$$A=52492+\sum_{i=1}^{1000}\delta_i = 0.52492\times10^5 + \underbrace{0.00000\times10^5+\cdots+0.00000\times10^5}_{1000个}$$
$$= 0.52492\times10^5$$

大数"吃掉"了小数，结果显然不可靠。

如果改变运算次序，先把数量级相同的 1000 个 δ_i 相加，再将其与 52492 相加，就不会出现大数"吃掉"小数的情况。这时

$$0.1\times10^3\leqslant\sum_{i=1}^{1000}\delta_i\leqslant0.9\times10^3$$

于是有

$$0.001\times10^5+0.52492\times10^5\leqslant A\leqslant0.009\times10^5+0.52492\times10^5$$

$$52592\leqslant A\leqslant53392$$

因此要注意运算次序，防止大数"吃掉"小数，如多个数相加应按绝对值由小到大的次序进行。

（3）绝对值太小的数不宜为除数。

设 x_1 和 x_2 的近似值分别是 x_1^*、x_2^*，$z = \dfrac{x_1}{x_2}$ 的近似值是 $z^* = \dfrac{x_1^*}{x_2^*}$，有算术运算误差

$$|e(z^*)| \approx \frac{|x_1^*||e(x_2^*)| + |x_2^*||e(x_1^*)|}{(x_2^*)^2}$$

显然，当除数 x_2^* 很小时，近似值 z^* 的绝对误差 $e(z^*)$ 有可能很大，除法运算中应尽量避免除数的绝对值远远小于被除数的绝对值。当 x_1 和 x_2 都是真值时，由于 $\left|\dfrac{x_1}{x_2}\right|$ 很大，因此会使其他较小的数加不到 $\dfrac{x_1}{x_2}$ 中，从而引起严重后果，或者使计算机计算时溢出，导致计算无法进行下去。

在数值计算中，除数的绝对值远远小于被除数的绝对值将会使商的数量级增加，甚至会在计算机中造成溢出停机，而且绝对值很小的除数稍有一点误差就会对计算结果影响很大。

例如，$\dfrac{3.1416}{0.001} = 3141.6$，当分母变为 0.0011，即分母只有 0.0001 的变化时，有

$$\frac{3.1416}{0.0011} = 2856$$

商有了巨大变化。因此，在计算过程中，应注意避免用绝对值小的数作为除数。

（4）简化计算步骤，减少运算次数。

运算过程的每一步都有可能产生误差，而且这些误差都还有可能传递到下一步，这种传递有时是增大的，有时是减小的。同时，运算过程的每一步产生的误差也可能会积累到最终的结果中，只不过这种误差的积累有时是增大的，有时因互相抵消而减小。总而言之，在运算过程中，都有可能引起导致结果误差增大的误差传递或误差积累问题。因此，在数值计算中，必须考虑尽量简化计算步骤。这样，一方面可以减小计算量；另一方面，由于减少了运算次数，因此减少了产生误差的机会，也可能使误差积累减小。

例如，计算 x^{255}，如果逐个相乘，则要进行 254 次乘法运算，但若改为

$$x^{255} = xx^2x^4x^8x^{16}x^{32}x^{64}x^{128}$$

则只要进行 14 次乘法运算。当改为 $x^{255} = (((((((x^2)^2)^2)^2)^2)^2)^2)^2 / x$ 时，只要进行 8 次乘法运算和 1 次除法运算。

又如，计算多项式

$$p(x) = a_nx^n + a_{n-1}x^{n-1} + \cdots + a_1x + a_0$$

的值，若直接计算 a_kx^k 并逐项相加，则一共需要进行

$$n + (n-1) + \cdots + 2 + 1 = \frac{n(n+1)}{2}$$

次乘法运算和 n 次加法运算。若采用从后往前计算的方法，即 x 的 k 次幂等于其 $k-1$ 次幂乘 x，从后往前 $k+1$ 项的部分和 u_k 等于后 k 项的部分和加上前一项 $a_k x^k$，这样，逐项求和的方法可以归结为以下递推关系：

$$\begin{cases} t_k = x t_{k-1} \\ u_k = u_{k-1} + a_k t_k \end{cases} \quad k = 1, 2, \cdots, n$$

其初值为

$$\begin{cases} t_0 = 1 \\ u_0 = a_0 \end{cases}$$

这时，利用初值，对 $k = 1, 2, \cdots, n$ 反复利用递推关系进行计算，最终可得 $u_n = p(x)$。为了计算 x 处的函数值 $p(x)$，利用这种方法共需要进行 $2n$ 次乘法运算和 n 次加法运算。思考：还能不能减少进行乘法运算的次数呢？接下来介绍秦九韶算法。

1.5 秦九韶算法

采用秦九韶算法，即从多项式的前 n 项中提出 x，有

$$p(x) = (a_n x^{n-1} + a_{n-1} x^{n-2} + \cdots + a_1) x + a_0$$

经过这个变换，括号内得到的是一个 $n-1$ 次多项式（注意阶次降了一次）。如果对括号内的多项式再次施以同样的操作，则进一步有

$$p(x) = [(a_n x^{n-2} + a_{n-1} x^{n-3} + \cdots + a_2) x + a_1] x + a_0$$

这样每进行一步，最内层的多项式的阶次就降低一次，最终可加工成如下嵌套形式：

$$p(x) = [\cdots (a_n x + a_{n-1}) x + \cdots + a_1] x + a_0$$

利用上式结构上的特点，从里往外一层一层地计算。设用 v_k 表示第 k 层（从里面数起）的值

$$v_k = x v_{k-1} + a_{n-k}, \quad k = 1, 2, \cdots, n$$

作为初值，这里令 $v_0 = a_n$，写成递推形式为

$$\begin{cases} v_0 = a_n \\ v_k = v_{k-1} x + a_{n-k} \quad k = 1, 2, \cdots, n \end{cases} \tag{1-17}$$

这样，多项式函数求值只要用一个简单的循环就能完成，在这个循环中，一共只要进行 n 次乘法运算和 n 次加法运算就够了，充分利用递推公式，对提高计算效率往往很有好处。

为便于理解式（1-17）的计算过程，将 $p(x)$ 按降幂排列的系数写在第 1 行，把要求值点 x_0 及 $v_k x_0$ 写在第 2 行，第 3 行为第 1、2 行相应之和 v_k，最终得到的 v_n 即所求 $p(x_0)$ 的值，即

$$
\begin{array}{c|cccccc}
 & a_n & a_{n-1} & a_{n-2} & \cdots & a_1 & a_0 \\
x=x_0 & & v_0 x_0 & v_1 x_0 & \cdots & v_{n-2} x_0 & v_{n-1} x_0 \\
\hline
 & v_0 & v_1 & v_2 & \cdots & v_{n-1} & v_n=p(x_0)
\end{array}
$$

例 1-17 求 $f(x) = 2 - x^2 + 3x^4$ 在 $x_0 = 2$ 处的值。

解

$$
\begin{array}{c|ccccc}
 & 3 & 0 & -1 & 0 & 2 \\
x=2 & & 6 & 12 & 22 & 44 \\
\hline
 & 3 & 6 & 11 & 22 & 46=f(2)
\end{array}
\qquad (1.1)
$$

多项式求值的这种算法称为秦九韶算法，它是我国南宋时期的数学家秦九韶最先提出的。秦九韶算法的特点在于它通过一次式的反复计算，逐步得出高次多项式的值。具体地说，它将一个 n 次多项式的求值问题归结为重复计算 n 个一次式来实现。这种化繁为简的处理方法在数值分析中是很常见的。

例如，要计算和式 $\sum_{n=1}^{1000} \dfrac{1}{n(n+1)}$ 的值，如果直接逐项求和，则运算次数多且有误差积累，可进行化简处理：

$$
\sum_{n=1}^{1000} \frac{1}{n(n+1)} = \sum_{n=1}^{1000}\left(\frac{1}{n} - \frac{1}{n+1}\right) = \left(\frac{1}{1} - \frac{1}{2}\right) + \left(\frac{1}{2} - \frac{1}{3}\right) + \cdots + \left(\frac{1}{1000} - \frac{1}{1001}\right) = 1 - \frac{1}{1001}
$$

此时整个计算只要进行一次求倒数运算和一次减法运算。

为了减少计算时间，还应考虑充分利用耗时少的运算，如 $k+k$ 比 $2k$、$a \times a$ 比 a^2、$b \times 0.25$ 比 $\dfrac{b}{4}$ 要节省时间。

扩展阅读 1：中国现代数学的追赶与超越

自鸦片战争以后，当时西方列强的军舰与大炮使我国看到了科学与教育的重要，部分有识之士还逐步认识到数学对于富国强兵的意义，从而竭力主张改革国内数学教育，同时派遣留学生出国学习西方数学。辛亥革命以后，这两条途径得到了较好的结合，有力地推动了中国现代高等数学教育的建制。

20 世纪初，在高涨的科学与民主声中，中国数学家踏上了学习并追赶与超越西方先进数学的光荣而艰难的历程。1912 年，中国第一个大学数学系——北京大学数学系成立，这是中国现代高等数学教育的重要开端。

20 世纪 20 年代，全国各地的大学纷纷创办数学系，除了北京大学、清华大学、南开大学、浙江大学，在这一时期成立数学系的还有东南大学、北京师范大学、武汉大学、厦门大学、四川大学等。

伴随着中国现代数学教育的形成，现代数学研究也在中国悄然兴起。在发展现代数学教育的同时，中国现代数学的开拓者不断追赶世界数学前沿，至 1920 年末，已开始出现符合国际水平的研究工作。

1928 年，留学日本的陈建功发表论文《关于具有绝对收敛 Fourier 级数的函数类》，证明了关于三角级数在区间上绝对收敛的充要条件。几乎同时，哈代和李特尔伍德在德文杂志《数学时报》上也发表了同样的结果，因而西方文献中常称此结果为"陈-哈代-李特尔伍德定理"。这标志着我国数学家已能取得国际一流水平的研究成果。同时，苏步青、江泽涵、熊庆来、曾炯之等也在各自领域取得令国际同行瞩目的成果。1928—1930 年，苏步青在当时处于国际热门的仿射微分几何方面研究了仿射铸曲面和旋转曲面，他在这个领域的另一个"美妙"发现后被命名为"苏氏锥面"。

江泽涵是将拓扑学引进中国的第一人，他在拓扑学领域开展了关于不动点理论的研究。熊庆来在法国亨利-庞加莱研究所学习，获得法国国家理科博士学位。1934 年，熊庆来的论文《关于无穷级整函数与亚纯函数》发表，其中定义的"无穷级函数"在国际上被称为"熊氏无穷数"。

从 20 世纪初第一批学习现代数学的中国留学生跨出国门，到 1930 年中国数学家的名字在现代数学热门领域的前沿屡屡出现，反映了中国现代数学的先驱者高度的民族自强精神和卓越的科学创造能力。在抗日战争时期，时局动荡，生活艰苦。当时一些主要的大学进行了迁移。在极端动荡、艰苦的战时环境下，师生却表现出抵御外侮、发展民族科学的高昂热情。他们在此背景下，照常上课，并举行各种讨论班，同时坚持深入科学研究。这一时期取得了一系列先进的数学成果，其中最有代表性的是华罗庚、陈省身、许宝騄的工作成果。

到 20 世纪 40 年代后期，又有一批优秀的青年数学家成长起来，走向国际数学的前沿并取得先进的工作成果，其中最有代表性的是吴文俊的工作成果。吴文俊，1940 年毕业于上海交通大学，1947 年赴法国留学。吴文俊在留学期间就提出了后来以他的名字命名的"吴示性类"和"吴公式"，有力地推动了示性类理论与代数拓扑学的发展。

经过老一辈数学家的努力，中国现代数学从无到有地发展起来，从 1930 年开始，中国不仅有了达到一定水平的队伍，还有了全国性的学术性组织和发表成果的杂志，现代数学研究初具规模，并呈现上升之势。

1949 年，中华人民共和国成立之后，中国现代数学的发展进入了一个新的阶段，中国的数学事业获得了巨大的进步，主要表现在：建立并完善了独立自主的现代数学科研与教育体制；形成了一支研究门类齐全并拥有一批学术带头人的实力雄厚的数学研究队伍；取得了丰富的和先进的学术成果，其中达到国际先进水平的成果比例不断提高。改革开放以来，中国数学更是进入了前所未有的良好发展时期，特别是涌现了一批优秀的、活跃于国际数学前沿的青年数学家。

改革开放以来的 20 多年是我国数学事业空前发展的繁荣时期。中国现代数学的研究队伍迅速壮大，研究论文和专著快速增长，研究领域和研究方向发生了深刻的变化。中国数学家不但在传统领域继续取得成绩，而且在很多重要的过去空缺的方向及当今世界研究前沿都有重要贡献。在世界各地很多大学的数学系里都有中国人任教，华人数学家在很多名校占有重要教职。在很多高水平的国际学术会议上都能见到作特邀报告的中国学者。在重要的数学期刊上，中国人的论著屡见不鲜。在一些有影响的国际奖项中，中国人也开始崭露头角。在很多重要分支上都涌现出了一批优秀的成果和学术带头人。

扩展阅读 2：测量误差带来的事故和灾难

测量误差可能导致各种事故和灾难，尤其在对准确测量度要求较高的领域。在航空领域，测量误差可能导致飞行器的导航偏离，造成飞机与障碍物或其他飞行器的碰撞；在石油、天然气等勘探领域，测量误差可能导致油井压力的错误估计，如果压力估计不准确，那么油井可能发生爆炸，进而释放有害气体或引发火灾；在建筑工程领域，测量误差可能导致建筑结构的设计和施工不准确，这就可能导致建筑物的结构崩溃、塌陷或倒塌；在洪水预警系统中，测量误差可能导致错误的洪水预测，使当地居民无法得到足够的警告时间，从而导致人身伤害；在航海领域，测量误差可能使船只偏离预定航线，导致船只搁浅、碰撞或迷航；在医疗领域，测量误差可能导致医生错误的诊断、不准确的药物剂量或手术失误，对患者的生命健康造成威胁；在环境监测中，测量误差可能导致对污染物浓度、辐射水平或气象条件的错误报告，从而影响环境保护和公共健康；在科学实验中，测量误差可能导致错误的实验结果或数据分析，影响科学发现和研究的可重复性。

著名的案例如下。

● NASA 的火星气候轨道飞行器事故（1999 年）。

火星气候轨道飞行器任务失败的原因之一是英制单位（磅力秒）与公制单位（牛顿秒）之间的测量误差导致火星轨道计算不准确，最终导致飞行器失联。

● 哈勃空间望远镜"近视眼"事故（1990 年）。

哈勃空间望远镜是地球轨道上最大的光学望远镜。在 1990 年发射后，其传回的图像没有达到预期效果——哈勃空间望远镜对微弱天体成像不清晰，被戏称为"近视眼"。导致该问题的根本原因是主镜被打磨成错误的形状。打磨要求形状误差为 10nm，但实际主镜周边形状误差为 2200nm。主镜形状误差导致光的损失大，严重降低了望远镜的成像清晰度。1993—2009 年，对哈勃空间望远镜进行了 5 次太空维修升级才满足了设计要求。

由此可见，认真、仔细的工作态度和一丝不苟的敬业精神在生产一线具有重要作用。习近平总书记对我国选手在世界技能大赛上取得佳绩作出重要指示："要在全社会弘扬精益求精的工匠精神，激励广大青年走技能成才、技能报国之路。"作为青年科技工作者，要更加注意培养自己认真的工作态度、精益求精的工作品质和坚持不懈的工作作风。

思考题

1．已知圆周率 $\pi=3.141592653\cdots$，问：

（1）若其近似值取 5 位有效数字，则该近似值是多少？其绝对误差限是多少？

（2）若其近似值精确到小数点后 4 位，则该近似值是多少？其绝对误差限是多少？

（3）若其近似值的绝对误差限为 0.5×10^{-5}，则该近似值是多少？

2．下列各数都是经过四舍五入得到的近似值，求各数的绝对误差限、相对误差限和有效数字位数。

（1）3580　　　（2）0.0476　　　（3）30.120　　　（4）0.3012×10^{-5}

3．确定圆周率 π 如下近似值的绝对误差限、相对误差限，并求其有效数字位数。

（1）$\dfrac{22}{7}$　　　（2）$\dfrac{223}{71}$　　　（3）$\dfrac{335}{113}$

4．设 $x = 108.57 \ln t$，其近似值 x^* 的相对误差 $e(x^*) \le 0.1$，证明 t^* 的相对误差 $e_r(t^*) < 0.1\%$。

5．要使 $\sqrt{6}$ 的近似值的相对误差限小于 0.1%，要取几位有效数字？

6．已知近似值 x^* 的相对误差限为 0.3%，问 x^* 至少有几位有效数字？

7．设 $x > 0$，x^* 的相对误差限为 δ，求 $\ln x^*$ 的绝对误差限和相对误差限。

8．当计算球的体积 $V = \dfrac{4}{3}\pi r^3$ 时，为使 V 的相对误差不超过 0.3%，半径 r 的相对误差允许是多少？

9．真空中自由落体运动的下落距离 s 和下落时间 t 的关系是 $s = \dfrac{1}{2}gt^2$，并设重力加速度 g 是准确的，而对 t 的测量有 $\pm 0.1s$ 的误差，证明当 t 增加时，s 的绝对误差增大，而相对误差则减小。

10．求积分值 $I_n = \displaystyle\int_0^1 \dfrac{x^n}{x+5}\mathrm{d}x$，$n = 0, 1, \cdots, 8$。

11．设 $a = 1000$，取 4 位有效数字，用如下两个等价的式子

$$x = \sqrt{a+1} - \sqrt{a} \text{ 和 } x = \dfrac{1}{\sqrt{a+1} + \sqrt{a}}$$

进行计算，求 x 的近似值 x^*，并将结果与真值 $x = 0.015807437\cdots$ 进行比较，指出他们各有多少位有效数字。

12．计算 $f(\sqrt{2}-1)^6$，取 $\sqrt{2} \approx 1.4$，利用下列等价的式子进行计算，得到的哪个结果最好？

$$\dfrac{1}{(\sqrt{2}+1)^6}, \quad (3-2\sqrt{2})^3, \quad \dfrac{1}{(3+2\sqrt{2})^3}, \quad 99 - 70\sqrt{2}$$

13．利用四位数学用表求 $1 - \cos 2°$，比较不同方法计算所得结果的误差。

14．用消元法解以下线性方程组：

$$\begin{cases} x + 10^{15}y = 10^{15} \\ x + y = 2 \end{cases}$$

若只用 3 位数进行计算，结果是否可靠？

15．反双曲正弦函数 $f(x) = \ln(x - \sqrt{x^2 - 1})$，求 $f(30)$ 的值。若开平方用六位三角函

数表，求对数时的误差有多大？若改用另一等价公式 $\ln(x-\sqrt{x^2-1})=-\ln(x+\sqrt{x^2-1})$ 进行计算，求对数时的误差有多大？

16．利用 $\sqrt{783}\approx27.982$（有 5 位有效数字）求方程 $x^2-56x+1=0$ 的两个根，使其至少具有 4 位有效数字。

17．用秦九韶算法计算

$$p(x)=x^3-3x-1$$

在 $x=2$ 处的值。

18．为了使计算

$$y=10+\frac{3}{x-1}+\frac{4}{(x-1)^2}-\frac{6}{(x-1)^3}$$

的乘除法运算次数尽量少，应将表达式改为怎样的计算形式？

第 2 章
非线性方程的数值解法

在科学研究中，常用的非线性方程有很多种，如高次代数方程、指数方程、三角函数方程等，形式如下：

$$a_n x^n + a_{n-1} x^{n-1} + \cdots + a_1 x^1 + a_0 = 0 \tag{2-1}$$

$$e^{-2x} + x = 1 \tag{2-2}$$

$$\sin(2x) + x = 1 \tag{2-3}$$

求解非线性方程的根主要是指在某个搜索区间内求解某个根或所有根，这在求解时比较困难。下面主要介绍在工程应用中求解非线性方程的根的 3 种解法：区间二分法、迭代法和牛顿迭代法。

2.1 初始近似值的搜索

非线性方程 $f(x) = 0$ 的根的求解方法比较多，可以使用数学分析方法或数学软件进行求解。下面介绍两种寻找非线性方程的根的方法，即逐步搜索法和区间二分法。在这之前，先介绍方程的根的概念。

2.1.1 方程的根

对于非线性方程 $f(x)$，若存在 x^*，使得 $f(x^*) = 0$，则称 x^* 为非线性方程的根或解。非线性方程的根可能是实数或复数，也称为实根或复根。若函数 $f(x)$ 可分解为

$$f(x) = (x - x^*)^m g(x) , \quad g(x^*) \neq 0 , \quad m > 1 \tag{2-4}$$

则称 x^* 为 $f(x) = 0$ 的 m 重根。非线性方程 $f(x) = 0$ 有重根的充要条件为

$$f(x^*) = \cdots = f^{(m-1)}(x^*) = 0 , \quad f^{(m)}(x^*) \neq 0 \tag{2-5}$$

例 2-1 求 $x = 0$ 是方程 $f(x) = e^x - x - 1$ 的几重根。

解

$$f(x) = e^x - x - 1 , \quad f(0) = e^0 - 0 - 1 = 0$$

$$f'(x) = e^x - 1 , \quad f'(0) = e^0 - 1 = 0$$

$$f''(x) = e^x , \quad f''(0) = e^0 = 1$$

因此， $x = 0$ 是 $f(x) = 0$ 的 2 重根。

定义 2-1 若方程 $f(x) = 0$ 在区间 $[a,b]$ 上至少有一个根，则称 $[a,b]$ 为有根区间。

定理 2-1 设方程 $f(x) = 0$ 在区间 $[a,b]$ 上连续，且 $f(a)f(b) < 0$ ，则方程 $f(x) = 0$ 在区间 $[a,b]$ 上至少有一个根。

定理 2-2 设方程 $f(x) = 0$ 在区间 $[a,b]$ 上是单调连续函数，且 $f(a)f(b) < 0$ ，则方程 $f(x) = 0$ 在区间 $[a,b]$ 上有且仅有一个根。

用数值算法求根的近似值，要解决以下 3 个问题。

（1）根的存在性。方程有没有根？有几个根？参考定理 2-1 和定理 2-2。

（2）有根区间搜索。找出有根区间，将有根区间分成若干较小的子区间，初步确定根的搜索区间，参考逐步搜索法。

（3）根的精确化。已知根的初值，进行逐步精确化，直到满足精度要求，参考区间二分法。

2.1.2 逐步搜索法

设非线性连续函数 $f(x)$ 存在有根区间 $[a,b]$ ，假设 $f(a) < 0$ ，从 $x_0 = a$ 出发，按照指定的步长 h （可设定 $h = (b-a)/N$ ， N 为预设的区间个数），从区间起点向右每隔 h 步长，检查 $x_k = a + kh$ （ $k = 1,2,\cdots$ ）处的函数值 $f(x_k)$ 的符号，当 x_k 和起点 a 处的函数值异号，即 $f(x_k) > 0$ 时，可以缩小有根区间为 $[x_{k-1}, x_k]$ 。若 $f(x_k) = 0$ ，则 x_k 是所求方程的根。这种方法叫作逐步搜索法。

例 2-2 方程 $f(x) = x^2 - 1$ ，利用逐步搜索法，设置搜索步长 $h = 0.3, 0.4$ ，求 x 在区间 $[0,1.5]$ 上的有根区间。

解 $f(1.5) = 1.25$ ， $f(0) = -1$ ，因此， $f(x) = x^2 - 1$ 在区间 $[0,1.5]$ 上至少有一个实根。设 $x_0 = 0$ ，步长 $h = 0.4$ ，则搜索有根区间列表如表 2-1 所示。

表 2-1 搜索有根区间列表（ $h = 0.4$ ）

x	0	0.4	0.8	1.2
$f(x)$	−1	−0.84	−0.36	0.44

根据表 2-1，得出 $f(1.2) = 0.44 > 0$ ，因此 $f(x)$ 在区间 $[0.8,1.2]$ 上必有一根。

设 $x_0 = 0$，步长 $h = 0.3$，则搜索有根区间列表如表 2-2 所示。

表 2-2　搜索有根区间列表（$h = 0.3$）

x	0	0.3	0.6	0.9	1.2
$f(x)$	−1	−0.91	−0.64	−0.19	0.44

根据表 2-2，得出 $f(1.2) = 0.44 > 0$，因此 $f(x)$ 在区间 $[0.9, 1.2]$ 上必有一根。根据上述不同的步长设置，可以发现步长是逐步搜索法的关键。步长越小，搜索到的有根区间越精确，但是迭代次数也越多，从而计算量越大。

2.1.3　区间二分法

使用区间二分法要满足前提条件，即定理 2-2，设函数 $f(x)$ 在区间 $[a, b]$ 上单调连续，且 $f(a)f(b) < 0$，则函数 $f(x) = 0$ 在区间 $[a, b]$ 上有且仅有一个实根 x^*。

区间二分法的基本思想是首先取有根区间 $[a, b]$ 的中点 $x_0 = (a + b)/2$，将区间分成两半，计算 $f(x_0)$。若 $f(x_0) = 0$，则得到非线性方程的实根 $x^* = (a + b)/2$；否则，检查 $f(x_0)$ 与 $f(a)$ 是否同号。

若 $f(x_0)f(a) > 0$，则所求根 x^* 在区间 $[x_0, b]$ 上，即 $a_1 = x_0$，$b_1 = b$。

若 $f(x_0)f(a) < 0$，则所求根 x^* 在区间 $[a, x_0]$ 上，即 $a_1 = a$，$b_1 = x_0$。

这样，新的有根区间缩小为原来的一半，即 $[a_1, b_1]$。

然后对已经压缩的有根区间 $[a_1, b_1]$ 继续进行压缩，计算区间中点 $x_1 = (a_1 + b_1)/2$ 的函数值 $f(x_1)$，继续判断所求根函数 $f(x_1)$ 和区间左端点函数 $f(a_1)$ 的符号，从而判断根在区间中点的哪一侧。此时，可确定新的有根区间 $[a_2, b_2]$，其长度为 $[a_1, b_1]$ 的一半。

如此反复二分下去，得到一系列有根区间：

$$[a, b] \supset [a_1, b_1] \supset [a_2, b_2] \supset \cdots \supset [a_k, b_k]$$

后一个有根区间的长度是前一个有根区间的长度的一半。因此，k 次二分后，有根区间的长度为

$$b_k - a_k = \frac{1}{2^k}(b - a) \tag{2-6}$$

有根区间被无限分解下去，会收敛于方程的根。

取有根区间 $[a_k, b_k]$ 的中点

$$x_k = \frac{1}{2}(a_k + b_k) \tag{2-7}$$

作为近似根，此时的误差为

$$|x^* - x_k| \leqslant \frac{1}{2}(b_k - a_k) = \frac{1}{2^{k+1}}(b - a) \tag{2-8}$$

若事先给定误差精度 ε，则可以根据式（2-8）计算满足精度要求的计算次数：

$$|x^* - x_k| \leqslant \frac{1}{2^{k+1}}(b - a) < \varepsilon \tag{2-9}$$

利用计算机实现区间二分法的流程如下。

（1）利用逐步搜索法找出 $f(x)=0$ 的有根区间 $[a,b]$，读入 a、b 和误差精度 ε。

（2）计算函数 $f(x)$ 在区间 $[a,b]$ 的中点 $x_0=(a+b)/2$ 处的函数值 $f[(a+b)/2]$，若 $f[(a+b)/2]=0$，则 $x_0=(a+b)/2$ 为方程的根；否则转至步骤（3）。

（3）若 $f[(a+b)/2]f(a)>0$，则有根区间变为 $\left[\dfrac{a+b}{2},b\right]$；若 $f[(a+b)/2]f(a)<0$，则有根区间变为 $\left[a,\dfrac{a+b}{2}\right]$。

（4）若 $b-a<\varepsilon$，则计算终止；否则转至步骤（2）。

区间二分法的优点是计算简单，其收敛速度与比值为 1/2 的等比级数的收敛速度相同，但是该方法仅能求方程的单根，不能求方程的重根或复根。

例 2-3 用区间二分法求方程 $x^3-1=0$ 在区间 $[0,1.5]$ 上的一个实根，精度误差为 0.01。

解 （1）判断方程 $f(x)=x^3-1$ 在区间 $[0,1.5]$ 上是否有根，由于

$$f'(x)=3x^2>0，\quad x\in[0,1.5]$$

因此，$f(x)=x^3-1$ 在区间 $[0,1.5]$ 上单调连续，且 $f(0)=-1<0$，$f(1.5)=2.375>0$，故 $f(x)$ 在区间 $[0,1.5]$ 上有且仅有一个根。

（2）根据式（2-9），计算满足精度要求的计算次数：

$$\frac{1}{2^{k+1}}(b-a)<0.01$$

$$\frac{1}{2^{k+1}}\cdot1.5<0.01$$

$$k>7.2288$$

因此，需要的计算次数为 8。

（3）利用区间二分法进行计算，计算过程如表 2-3 所示。

表 2-3　计算过程

k	a_k	b_k	x_k	$f(x_k)$	b_k-a_k
0	0.0000	1.5000	0.7500	−0.5781	1.5000
1	0.7500	1.5000	1.1250	0.4238	0.7500
2	0.7500	1.1250	0.9375	−0.1760	0.3750
3	0.9375	1.1250	1.0313	0.0969	0.1875
4	0.9375	1.0313	0.9844	−0.0461	0.0938
5	0.9844	1.0313	1.0079	0.0239	0.0469
6	0.9844	1.0079	0.9962	−0.0114	0.0235
7	0.9962	1.0079	1.0021	0.0063	0.0117
8	0.9962	1.0021	—	—	—

因此，当 $k=8$ 时，$|b_k-a_k|<0.01$ 满足精度要求，取当前 $x_k=x_7$ 为该方程的近似解，即取 $x^*=x_7=1.0021$。

2.2 迭代法

2.2.1 迭代原理

迭代法是一种逐次逼近方法，该方法通过某个固定的迭代方程反复校正方程的根的近似值，使之逐步逼近真值，最终得到满足精度要求的根。

例 2-4 求 $x^2 - x - 1 = 0$ 在 $x_0 = 1.5$ 附近的一个根。

解 根据方程构造迭代公式，可得

$$x_{k+1} = \sqrt{1 + x_k}, \quad k = 0, 1, \cdots$$

将 $x_0 = 1.5$ 代入迭代公式可得

$$x_1 = \sqrt{1 + x_0} \approx 1.5811$$

将 $x_1 = 1.5811$ 代入迭代公式可得

$$x_2 = \sqrt{1 + x_1} \approx 1.6066$$

将新求出的根依次代入迭代公式，计算过程如表 2-4 所示。

表 2-4 计算过程

k	x_k	k	x_k
0	1.5811	4	1.6177
1	1.6066	5	1.6179
2	1.6145	6	1.6180
3	1.6169	7	1.6180

取 5 位有效数字，$x_6 = x_7$，即 $x^* = x_7 = 1.6180$ 是方程的根。

对于连续非线性方程 $f(x) = 0$，将其改写为

$$x = \varphi(x) \tag{2-10}$$

$\varphi(x)$ 为连续函数，称为迭代函数。

迭代法的基本思想如下。

先给出方程的初值 x_0，将其代入式（2-10），转化为迭代公式：

$$x_1 = \varphi(x_0) \tag{2-11}$$

再将 x_1 代入式（2-11），可得

$$x_2 = \varphi(x_1) \tag{2-12}$$

依次类推，可得

$$x_{k+1} = \varphi(x_k), \quad k = 0, 1, 2, \cdots \tag{2-13}$$

当 x_k 趋于极限时，$x = \varphi(x)$ 收敛，因此，$x^* = \lim\limits_{k \to +\infty} x_k$ 是 $x = \varphi(x)$ 的根。

迭代法的几何意义是把求方程 $f(x) = 0$ 的根的问题改写为 $x = \varphi(x)$，实际上是把求根问题转化为求两条曲线 $y = x$ 和 $y = \varphi(x)$ 的交点 A^*，其横坐标就是方程 $f(x) = 0$ 的根，如图 2-1 所示。给出初值 x_0，得到 $y = \varphi(x)$ 上的点 $A_0(x_0, \varphi(x_0))$；在与 A_0 同一水平线上找到与 $y = x$ 相交的点 $A_0'(\varphi(x_0), \varphi(x_0))$，进而在 $y = \varphi(x)$ 上找到与 A_0' 在同一垂线上的点 $A_1(x_1, \varphi(x_1))$；在与 A_1 同一水平线上找到与 $y = x$ 相交的点 $A_1'(\varphi(x_1), \varphi(x_1))$，依次类推，在曲线上得到迭代序列 $A_0, A_1, \cdots$，最终得到 $y = x$ 和 $y = \varphi(x)$ 的交点 A^*，从而得到方程的根 x^*。

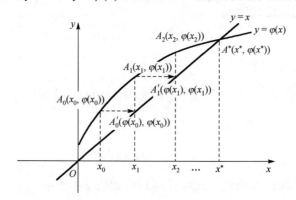

图 2-1　迭代法的收敛性

2.2.2　迭代的收敛性

一般来说，一个方程的迭代公式并不是唯一的，且迭代也不总是收敛的。例如，方程 $f(x) = x - 10^x + 2 = 0$ 可改写为 $x = 10^x - 2$，得到迭代公式 $x_k = 10^{x_{k-1}} - 2$，仍取 $x_0 = 1$，算得 $x_1 = 10 - 2 = 8$，$x_2 = 10^8 - 2 \approx 10^8$，其迭代值越来越大，不可能趋于某个极限，因此迭代是发散的。下面讨论迭代法在区间内的收敛性和在所求根邻域内的局部收敛性。

1. 区间收敛性

定理 2-3　设函数 $\varphi(x)$ 在区间 $[a, b]$ 上具有连续的一阶导数，且满足以下条件。

（1）当 $x \in [a, b]$ 时，有 $\varphi(x) \in [a, b]$。

（2）存在正数 $0 < q < 1$，使得对于任意 $x \in [a, b]$，都有

$$|\varphi'(x)| \leqslant q$$

则 $x = \varphi(x)$ 在区间 $[a, b]$ 上有唯一的根，且对于任意 $x_0 \in [a, b]$，迭代函数 $x_{k+1} = \varphi(x_k)$ 均收敛于方程的根 x^*。

证　（1）证明 $x = \varphi(x)$ 在区间 $[a, b]$ 上有唯一的根。

定义 $\phi(x) = \varphi(x) - x$，根据条件（1）可得

$$\phi(a) = \varphi(a) - a \geqslant 0 \tag{2-14}$$

$$\phi(b) = \varphi(b) - b \leqslant 0 \tag{2-15}$$

且由于 $x = \varphi(x)$ 在区间 $[a,b]$ 上具有连续的一阶导数，因此，必有 $x^* \in [a,b]$，使得 $\phi(x^*) = \varphi(x^*) - x^* = 0$，即根存在。

假设方程有两个根 x^* 和 $\bar{x}$，且 $x^*, \bar{x} \in [a,b]$，满足

$$x^* = \varphi(x^*)，\quad \bar{x} = \varphi(\bar{x}) \tag{2-16}$$

由微分中值定理得

$$x^* - \bar{x} = \varphi(x^*) - \varphi(\bar{x}) = \varphi'(\xi)(x^* - \bar{x})，\quad \xi \in [a,b] \tag{2-17}$$

整理得

$$(x^* - \bar{x})(1 - \varphi'(\xi)) = 0 \tag{2-18}$$

根据条件（2）可得

$$|\varphi'(x)| \leqslant q < 1 \tag{2-19}$$

因此 $x^* = \bar{x}$，方程 $x = \varphi(x)$ 在区间 $[a,b]$ 上有唯一的根。

（2）收敛性证明。

按照迭代公式 $x = \varphi(x)$，有

$$x^* - x_k = \varphi(x^*) - \varphi(x_{k-1}) = \varphi'(\xi)(x^* - x_{k-1}) \tag{2-20}$$

$$|x^* - x_k| = \left|\varphi'(\xi)(x^* - x_{k-1})\right| \leqslant q\,|x^* - x_{k-1}| \tag{2-21}$$

$$|x^* - x_k| \leqslant q\,|x^* - x_{k-1}| \leqslant \cdots \leqslant q^k\,|x^* - x_0| \tag{2-22}$$

因为 $q < 1$，所以 $\lim\limits_{k \to \infty} x_k = x^*$。

在实际应用中，当用定理 2-3 判断迭代函数不满足收敛条件时，则先改变迭代函数，使之满足收敛条件，再进行迭代。上述定理讨论的是方程在区间 $[a,b]$ 上的收敛性，即全局收敛性，因此定理 2-3 为全局收敛性定理。

例 2-5　求方程 $x^3 - x^2 - 1 = 0$ 在区间 $[1,2]$ 上的根。

解　由题意构造迭代公式：

$$x = \sqrt[3]{x^2 + 1}$$

$$\varphi'(x) = \frac{2}{3} x (x^2 + 1)^{-\frac{2}{3}}$$

$$\max_{1 \leqslant x \leqslant 2} |\varphi'(x)| = \left| \frac{2}{3} x (x^2 + 1)^{-\frac{2}{3}} \right| \approx 0.4582 < 1$$

且 $\varphi(1) = \sqrt[3]{x^2 + 1} \approx 1.2599$，$\varphi(2) = \sqrt[3]{x^2 + 1} \approx 1.7100$，$\varphi(x)$ 在区间 $[1,2]$ 上单调连续。因此，$x_k = \sqrt[3]{x_{k-1}^2 + 1}$ 收敛。

选取初值 $x_0 = 1.5$，迭代法的计算过程如表 2-5 所示。

表 2-5　迭代法的计算过程

k	x_k	k	x_k
0	1.5000	5	1.4662
1	1.4812	6	1.4695
2	1.4727	7	1.4657
3	1.4688	8	1.4656
4	1.4670	9	1.4656

因此，经过 9 次迭代，得 $x^* = 1.4656$。

2．局部收敛性

定理 2-3 中的条件（1）在有根区间不一定均成立，而对于所求根的邻域，其是成立的。针对上述情况，定义局部收敛性定理。

定理 2-4　设方程 $x = \varphi(x)$ 在根 x^* 的邻域内有连续的一阶导数，且

$$|\varphi(x^*)| < 1$$

此时，迭代公式 $x_{k+1} = \varphi(x_k)$ 具有局部收敛性。

证　由于 $|\varphi(x^*)| < 1$，因此存在充分小的邻域 $\Delta : |x - x^*| \leq \delta$，使得

$$|\varphi(x^*)| \leq q < 1 \tag{2-23}$$

其中，q 为常数，根据微分中值定理

$$\varphi(x) - \varphi(x^*) = \varphi'(\xi)(x - x^*) \tag{2-24}$$

由于 $x^* = \varphi(x^*)$，因此

$$|\varphi(x) - x^*| \leq q|x - x^*| \leq |x - x^*| \leq \delta \tag{2-25}$$

由定理 2-3 的条件（1）可知，$x_{k+1} = \varphi(x_k)$ 对于 $x_0 \in \Delta$ 收敛。

例 2-6　求 $x^3 - 2x - 1 = 0$ 在 $x_0 = 0.5$ 附近的根，要求精确到小数点后 4 位。

解　构造迭代函数如下：

$$\varphi(x) = \sqrt[3]{2x + 1}$$

$$\varphi'(x) = \frac{2}{3}(2x + 1)^{-\frac{2}{3}}$$

因此 $\varphi'(0.5) \approx 0.4200 < 1$，满足定理 2-4，故迭代公式 $x_{k+1} = \sqrt[3]{2x_k + 1}$ 在 $x = 0.5$ 处收敛。

从 $x_0 = 0.5$ 开始，利用迭代法进行计算，如表 2-6 所示。

表 2-6　迭代法的计算过程

k	x_k	k	x_k
0	0.5000	5	1.6164
1	1.2599	6	1.6176
2	1.5212	7	1.6179
3	1.5930	8	1.6180
4	1.6116	9	1.6180

因此，经过 9 次迭代，得 $x^* = 1.6180$。

用计算机实现迭代法的流程如下。

（1）确定方程 $f(x) = 0$ 的等价形式 $x = \varphi(x)$，为确保迭代过程收敛，要求 $\varphi(x)$ 在某个有根区间 $[a,b]$ 上满足 $|\varphi(x^*)| \leqslant q < 1$。

（2）选取初值 x_0，按迭代公式 $x_k = \varphi(x_{k-1})$（$k = 1, 2, \cdots$）进行迭代。

（3）若 $|x_k - x_{k-1}| < \varepsilon$，则停止计算，$x^* \approx x_k$。

2.2.3　迭代过程的收敛速度

迭代过程的收敛速度指的是在接近收敛时，迭代误差的下降速度。

定理 2-5　对于迭代公式 $x_k = \varphi(x_{k-1})$，若 $\varphi^{(p)}(x)$ 在所求根 x^* 的邻域内连续，且

$$\varphi'(x^*) = \varphi''(x^*) = \cdots = \varphi^{(p-1)}(x^*) = 0, \quad \varphi^{(p)}(x^*) \neq 0$$

则迭代函数在 x^* 的邻域内是 p 阶收敛的，即

$$\lim_{k \to +\infty} \frac{|e_{k+1}|}{|e_k|^p} = c$$

其中，常数 $p \geqslant 1$；渐进误差常数 $c > 0$；$e_k = x_k - x^*$。

证　由于 $\varphi'(x^*) = 0$，即在 x^* 的邻域内有 $|\varphi'(x^*)| < 1$，因此，$x_k = \varphi(x_{k-1})$ 在 x^* 的邻域内收敛。

对 $\varphi(x_k)$ 在 x^* 处进行泰勒展开，可得

$$\varphi(x_k) = \varphi(x^*) + \varphi'(x^*)(x_k - x^*) + \cdots + \frac{1}{p!}\varphi^{(p)}(\xi)(x_k - x^*)^p, \quad \xi \in x^* \quad (2\text{-}26)$$

已知 $\varphi'(x^*) = \varphi''(x^*) = \cdots = \varphi^{(p-1)}(x^*) = 0$，且 $\varphi^{(p)}(x^*) \neq 0$，$x_{k+1} = \varphi(x_k)$，$x^* = \varphi(x^*)$，因此

$$x_{k+1} = x^* + \frac{1}{p!}\varphi^{(p)}(\xi)(x_k - x^*)^p \quad (2\text{-}27)$$

$$x_{k+1} - x^* = \frac{1}{p!}\varphi^{(p)}(\xi)(x_k - x^*)^p \quad (2\text{-}28)$$

因为 $e_k = x_k - x^*$，所以

$$\frac{e_{k+1}}{e_k^{\ p}} = \frac{1}{p!}\varphi^{(p)}(\xi) \tag{2-29}$$

因此

$$\lim_{k \to +\infty}\left|\frac{e_{k+1}}{e_k^{\ p}}\right| = \frac{1}{p!}\left|\varphi^{(p)}(x^*)\right| \neq 0 \tag{2-30}$$

根据定理 2-5，迭代函数的收敛性取决于 $\varphi(x_k)$ 的选取，当 $\varphi^{(p)}(x^*) \neq 0$ 时，该迭代过程 p 阶收敛。

例 2-7 假设迭代函数 $\varphi(x) = 2\alpha x + (x+1)^2$，若要使迭代公式 $x_{k+1} = 2\alpha x_k + (x_k+1)^2$ 至少平方收敛于 $x^* = 0$，试确定 α 的值。

解 求迭代函数的导数：

$$\varphi'(x) = 2\alpha + 2(x+1)$$

为使得迭代函数在 $x^* = 0$ 处至少平方收敛，需要满足

$$\varphi'(0) = 2\alpha + 2 \times (0+1) = 0$$

因此，$\alpha = -1$。

2.3 牛顿迭代法

迭代法可逐步精确方程根的近似值，首先需要找出方程 $f(x) = 0$ 的等价形式 $x = \varphi(x)$，$\varphi(x)$ 的选择应使迭代收敛，但是 $\varphi(x)$ 的选择不是唯一的，需要试凑。下面介绍其中一种常用的迭代函数构造方法——牛顿迭代法。

2.3.1 牛顿迭代法迭代公式的建立

对于非线性方程 $f(x) = 0$，已知 $x_k \in x^*$ 的邻域，将 $f(x)$ 在 x_k 处展开为一阶泰勒公式：

$$f(x) = f(x_k) + f'(x_k)(x - x_k) + \frac{f''(\xi)}{2}(x - x_k)^2 \tag{2-31}$$

省略高次项，有

$$f(x) \approx f(x_k) + f'(x_k)(x - x_k) \tag{2-32}$$

假设 x^* 是式（2-32）的一个根，则令 $f(x^*) = 0$，即

$$f(x^*) \approx f(x_k) + f'(x_k)(x^* - x_k) = 0 \tag{2-33}$$

得到

$$x^* = x_k - \frac{f(x_k)}{f'(x_k)} \tag{2-34}$$

将左端 x^* 替换为 x_{k+1}，得到牛顿迭代公式：

$$x_{k+1} = x_k - \frac{f(x_k)}{f'(x_k)} \qquad (2\text{-}35)$$

因此，牛顿迭代法是一种将非线性方程线性化，得到迭代序列的一种方法。

牛顿迭代法的几何意义：曲线 $y = f(x)$ 与 x 轴的交点的横坐标就是方程 $f(x) = 0$ 的根 x^*。牛顿迭代法就是逐次用曲线的切线与 x 轴的交点来逼近曲线 $y = f(x)$ 与 x 轴的交点 x^* 的，如图 2-2 所示。

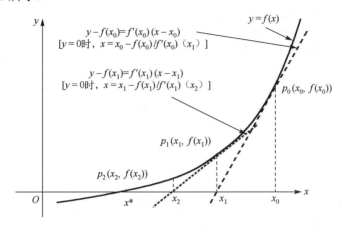

图 2-2　牛顿迭代法的几何意义

从初值 x_0 开始，在曲线 $y = f(x)$ 上得到 $p_0(x_0, f(x_0))$，在 p_0 点做 $y = f(x)$ 的切线 $l_1 : y - f(x_0) = f'(x_0)(x - x_0)$，令 $y = 0$，得到切线 l_1 与 x 轴的交点 x_1，$x_1 = x_0 - f(x_0)/f'(x_0)$；接着，过 x_1 点在 $y = f(x)$ 上得到 $p_1(x_1, f(x_1))$，在 p_1 点做 $y = f(x)$ 的切线 $l_2 : y - f(x_1) = f'(x_1)(x - x_1)$，令 $y = 0$，得到切线 l_2 与 x 轴的交点 x_2，$x_2 = x_1 - f(x_1)/f'(x_1)$。依次类推，逐次得到迭代点 $x_0, x_1, \cdots, x_k$，最终得到方程的根 $x_k \to x^*$。

例 2-8　用牛顿迭代法求方程 $f(x) = x^3 - 2x^2 - 4x - 7 = 0$ 在区间 $[3,4]$ 上的根的近似值，误差精度 $\varepsilon = 10^{-2}$。

解　非线性方程 $f(x) = x^3 - 2x^2 - 4x - 7 = 0$ 的导数为

$$f'(x) = 3x^2 - 4x - 4$$

构造迭代公式：

$$x_{k+1} = x_k - \frac{x_k^3 - 2x_k^2 - 4x_k - 7}{3x_k^2 - 4x_k - 4}$$

取 $x_0 = 3$，计算过程如表 2-7 所示。

表 2-7　计算过程

k	x_k	k	x_k
0	3.0000	3	3.6323
1	3.9091	4	3.6320
2	3.6597	5	3.6320

因此，根据牛顿迭代法迭代 5 次，得到方程的根 $x^* = 3.6320$。

利用计算机实现牛顿迭代法的流程如下。

（1）给出初值 x_0 及误差精度 ε。

（2）计算 $x_1 = x_0 - \dfrac{f(x_0)}{f'(x_0)}$。

（3）若 $|x_1 - x_0| < \varepsilon$，则转向步骤（4）；否则，$x_0 = x_1$，转向步骤（2）。

（4）输出满足精度要求的根 x_1，结束。

2.3.2　牛顿迭代法的收敛情况

牛顿迭代法的迭代公式为

$$\varphi(x) = x - \frac{f(x)}{f'(x)} \tag{2-36}$$

对上式求导得

$$\varphi'(x) = \frac{f(x)f''(x)}{[f'(x)]^2} \tag{2-37}$$

根据定理 2-4 选取初值 x_0，即

$$\varphi'(x_0) = \frac{f(x_0)f''(x_0)}{[f'(x_0)]^2} < 1 \tag{2-38}$$

有

$$f(x_0)f''(x_0) < [f'(x_0)]^2 \tag{2-39}$$

因此，可以根据式（2-39）判断牛顿迭代法的收敛性。

定理 2-6　设函数 $f(x)$ 满足 $f(x^*) = 0$，$f'(x^*) \neq 0$，且 $f''(x^*)$ 在 x^* 的邻域内连续，则牛顿迭代法在 x^* 处局部收敛，且至少二阶收敛。

证　牛顿迭代法的一阶导数和二阶导数分别为

$$\varphi'(x) = \frac{f(x)f''(x)}{[f'(x)]^2} \tag{2-40}$$

$$\varphi''(x) = \frac{[f'(x)]^2 f''(x) + f(x)f'''(x)f'(x) - 2f(x)[f''(x)]^2}{[f'(x)]^3} \tag{2-41}$$

因为 $f(x)$ 在 x^* 的邻域内连续，且 $f(x^*) = 0$，$f'(x^*) \neq 0$，所以

$$\varphi'(x^*) = \frac{f(x^*)f''(x^*)}{[f'(x^*)]^2} = 0 \tag{2-42}$$

$$\varphi''(x^*) = \frac{f''(x^*)}{f'(x^*)} \neq 0 \tag{2-43}$$

根据定理 2-5，牛顿迭代法在 x^* 处局部收敛，且二阶收敛。

2.4 工程案例分析

例 2-9 表 2-8 所示为一则房地产广告，求购买此房产的贷款年利率。对于该房产，可以算出一共向银行贷款 25.2 万元（36 万元–10.8 万元），30 年内，共计还款 51.696 万元（1436 元/月×12 月/年×30 年），求该房产的贷款年利率为多少？

表 2-8　房地产广告

建筑面积/m²	总价/元	30%首付/元	70%按揭/元	月还款/元
85.98	36 万	10.8 万	30 年	1436

解　（1）问题分析。

假设 x_k 为第 k 个月月末的欠款数额，m 为月还款数额，r 为贷款月利率，则可以写出求解该问题的非线性方程：

$$
\begin{aligned}
x_k &= (1+r)x_{k-1} - m \\
&= (1+r)^2 x_{k-1} - (1+r)m - m \\
&\;\;\vdots \\
&= (1+r)^k x_0 - m[1 + (1+r) + (1+r)^2 + \cdots + (1+r)^{k-1}] \\
&= (1+r)^k x_0 - m\left[\frac{(1+r)^k - 1}{r}\right]
\end{aligned}
\tag{2-44}
$$

根据题意，可知 $x_{360} = 0$，由此可以列出方程，求解 r 的值即可。

（2）代码实现。

MATLAB 环境下的代码实现如下：

```
1   % 房产贷款年利率问题
2   % 设 x_k 为从现在开始过了 k 个月后的欠款数额，当前时间为 k=0
3   % 设月还款数额为 m（单位：元），月利率为 r，则 x0=25.2（单位：万元）
4   % x_1 = x_0 (1+r) - m（第 1 个月月末的欠款数额）
5   % x_2 = x_1 (1+r) - m（第 2 个月月末的欠款数额）
6   %...
7   % x_359 = x_358 (1+r) - m（第 359 个月月末的欠款数额为 m）
8   % x_360 = x_359 (1+r) - m = 0（第 360 个月月末的欠款数额为 0）
9   x0=25.2;
10  f = @(r)x0*(1+r).^360 - m*((1+r).^360 - 1)./r;
11  r0=0.001;
12  r = fzero(f, r0);
13  year_interest = r*12;
```

运行结果为：

```
year_interest =
0.0553
```

扩展阅读：牛顿迭代法

牛顿迭代法是由英国科学家牛顿提出的，用于求解方程的根。

1665—1666 年，当时牛顿正贫困，被迫居住在剑桥大学的学生寄宿室。在那段时间里，他开始深入研究该问题。牛顿的发现源于他对方程的根的求解问题的兴趣。他探索了如何找到多项式方程的根，并试图找到一种方法，可以更快速地逼近根。最终，他发现了一种基于切线的迭代方法，即牛顿迭代法。

牛顿迭代法革命性地改变了方程的根的数值解法，因为它可以用来解决各种数学和科学问题。该方法在数学、工程、物理学和计算机科学等领域都有广泛应用。牛顿迭代法的发现是牛顿卓越科学贡献之一，也是数值分析领域的重要里程碑之一。

思考题

1．利用定理 2-2 判断下列非线性方程在搜索区间的根的存在性；若根存在，则利用区间二分法需要进行多少次迭代（达到所需的误差精度）。

（1）$f(x) = x^2 + 1$，$x \in [1,2]$，$\varepsilon = 10^{-2}$。

（2）$f(x) = e^x + 2x - 1$，$x \in [-1,1]$，$\varepsilon = 10^{-2}$。

（3）$f(x) = 2^x - 1$，$x \in [-1,1]$，$\varepsilon = 10^{-2}$。

2．用区间二分法求下列非线性方程的根。

（1）$f(x) = x^3 + 2x - 1$，$x \in [0,2]$，$\varepsilon = 10^{-2}$。

（2）$f(x) = 2x^2 - 3x$，$x \in [1,1.9]$，$\varepsilon = 0.5 \times 10^{-3}$。

（3）$f(x) = e^x - 1$，$x \in [-1,1.5]$，$\varepsilon = 10^{-2}$。

3．非线性方程 $f(x) = x^2 - 2x + 1$ 在区间 [0.5,2] 上有一个根，构造以下 3 种迭代公式。

（1）$x_{k+1} = \sqrt{2x_k - 1}$ 　　（2）$x_{k+1} = \dfrac{x_k^2 + 1}{2}$ 　　（3）$x_{k+1} = \dfrac{2x_k - 1}{x_k}$

判断上述迭代公式在 $x_0 = 1.1$ 附近的收敛性，并以其中一种迭代公式求方程的根，要求误差精度满足 $\varepsilon = 10^{-3}$。

4．用牛顿迭代法求下列非线性方程的根。

（1）$f(x) = x^3 - 2x^2 + 2x - 1$，$x_0 = 0.5$，$\varepsilon = 10^{-2}$。

（2）$f(x) = 3x^2 - 2x - 8$，$x_0 = 1.5$，$\varepsilon = 10^{-2}$。

（3）$f(x) = e^{2x-1} - 1$，$x_0 = 1$，$\varepsilon = 10^{-2}$。

第 3 章
线性方程组的数值解法

在很多工程实践中，我们会将实际问题建模成线性方程组，求解这些线性方程组可能是一个完整独立的问题，也可能作为求解复杂问题的一部分存在。本章介绍几种线性方程组的数值求解方法。

n 阶线性方程组的一般形式为

$$\begin{cases} a_{11}x_1 + a_{12}x_2 + \cdots + a_{1n}x_n = b_1 \\ a_{21}x_1 + a_{22}x_2 + \cdots + a_{2n}x_n = b_2 \\ \qquad\qquad\qquad \vdots \\ a_{n1}x_1 + a_{n2}x_2 + \cdots + a_{nn}x_n = b_n \end{cases}$$

写成矩阵-向量形式为

$$Ax = b$$

其中，A 为系数矩阵；x 为解向量；b 为常向量。具体分别表示为

$$A = \begin{pmatrix} a_{11} & a_{12} & \cdots & a_{1n} \\ a_{21} & a_{22} & \cdots & a_{2n} \\ \vdots & \vdots & & \vdots \\ a_{n1} & a_{n2} & \cdots & a_{nn} \end{pmatrix}, \quad x = \begin{pmatrix} x_1 \\ x_2 \\ \vdots \\ x_n \end{pmatrix}, \quad b = \begin{pmatrix} b_1 \\ b_2 \\ \vdots \\ b_n \end{pmatrix}$$

若系数矩阵 A 非奇异，即 A 的行列式 $\det A \neq 0$，则根据克拉默法则，可知方程组有唯一解，表示为

$$x_i = \frac{D_i}{D}, \quad i = 1, 2, \cdots, n$$

其中，D 表示 $\det A$；D_i 表示 D 中第 i 列换成 b 后所得的行列式。对于较高阶的情况，从计算量上来说，用克拉默法则求解是不现实的。因为一个 n 阶行列式有 $n!$ 项，每项又是

n 个数的乘积，即使不计舍入误差对计算结果的影响，其运算量之大也是计算机在一般情况下难以完成的。因此，本章介绍用计算机求解线性方程组的两类数值解法：直接法和迭代法。

直接法是经过有限步算术运算求解线性方程组的数值解法，若计算过程中没有舍入误差，则可求得线性方程组的精确解。但是，实际计算过程通常会存在舍入误差，因此，采用直接法得到的结果并不是绝对精确的。直接法中最基本的方法是高斯消去法、矩阵三角分解法等，通常情况下，这类方法适合求解低阶稠密矩阵方程组，其优点是可以预先估计计算量，并且根据消去法的基本原理，可以得到有关矩阵运算的一些方法，应用比较广泛。

迭代法是用某种极限过程逐步逼近线性方程组的精确解的方法。迭代法的优点是思想简单，所需计算机存储空间少，便于编写计算机程序，但其存在迭代收敛性判断及收敛速度快慢的问题。在迭代法中，由于极限过程一般不可能进行到底，因此，只能得到满足一定精度要求的近似解，通常情况下，这是可以满足实际应用中的工程需求的。迭代法适合求解大型稀疏系数矩阵方程组。

3.1 高斯消去法

高斯消去法是一种直接法。所谓直接法，就是在计算过程中，所有运算都精确，经过有限次运算就可得到精确解的方法。但是由于实际计算过程中舍入误差的存在和影响，一般只能求得近似解。高斯消去法和基于高斯消去法的基本思想而改进、变形得到的选主元消去法、矩阵三角分解法等仍是目前计算机中常用的求解线性方程组的有效算法。

3.1.1 顺序高斯消去法

顺序高斯消去法是一种古老的求解线性方程组并且当下依然流行的方法。

1. 基本思想

顺序高斯消去法的基本思想是，通过反复利用线性方程组初等变换，逐次进行消元计算，把需要求解的线性方程组转化为同解的上三角形方程组，自下而上对上三角形方程组进行求解。这个求解过程可以分为消元和回代两个过程，下面通过一个例子来加以说明。

考虑到 3 阶线性方程组

$$\begin{cases} 2x_1 + 4x_2 - 2x_3 = 2 \\ x_1 - 3x_2 - 3x_3 = -1 \\ 4x_1 + 2x_2 + 2x_3 = 3 \end{cases}$$

和该方程组对应的增广矩阵

$$\begin{pmatrix} 2 & 4 & -2 & 2 \\ 1 & -3 & -3 & -1 \\ 4 & 2 & 2 & 3 \end{pmatrix}$$

消元过程的第 1 步是先将第 2、3 个方程中的未知量 x_1 消去，为此，将其中 x_1 项的系数除以第 1 个方程中 x_1 项的系数后，得到乘数

$$m_{21} = \frac{1}{2} = 0.5 , \quad m_{31} = \frac{4}{2} = 2$$

然后用第 2、3 个方程分别减去其乘数 m_{21} 和 m_{31} 与第 1 个方程的积，这样就消去了第 2、3 个方程中的 x_1 项，此时得到以下等价方程组：

$$\begin{cases} 2x_1 + 4x_2 - 2x_3 = 2 \\ -5x_2 - 2x_3 = -2 \\ -6x_2 + 6x_3 = -1 \end{cases}$$

其对应的增广矩阵为

$$\begin{pmatrix} 2 & 4 & -2 & 2 \\ & -5 & -2 & -2 \\ & -6 & 6 & -1 \end{pmatrix}$$

消元过程的第 2 步就是第 1、2 个方程不变，先将第 3 个方程中的未知量 x_2 消去，即将第 3 个方程中 x_2 项的系数除以第 2 个方程中 x_2 项的系数，得到

$$m_{32} = \frac{-6}{-5} = 1.2$$

然后用第 3 个方程减去其乘数 m_{32} 与第 2 个方程的积，就消去了第 3 个方程中的 x_2 项，此时得到以下等价方程组：

$$\begin{cases} 2x_1 + 4x_2 - 2x_3 = 2 \\ -5x_2 - 2x_3 = -2 \\ 8.4x_3 = 1.4 \end{cases}$$

其对应的增广矩阵为

$$\begin{pmatrix} 2 & 4 & -2 & 2 \\ & -5 & -2 & -2 \\ & & 8.4 & 1.4 \end{pmatrix}$$

至此，原方程组通过消元过程转换为上三角形方程组，此时的系数矩阵称为上三角形矩阵。

接下来是回代过程，对上三角形方程组自下而上进行求解，从而得到

$$x_3 = \frac{1}{6} , \quad x_2 = \frac{1}{3} , \quad x_1 = \frac{1}{2}$$

通过这个求解过程可以看出，顺序高斯消去法是一种规则化的加减消元法，其基本思想是，先利用初等变换消去方程组系数矩阵主对角线以下的元素，使之转化为等价的上三角形方程组，然后通过回代求得方程组的解。

2．计算步骤

下面介绍用顺序高斯消去法求解一般 n 阶线性方程组的步骤。

记 $\boldsymbol{Ax=b}$ 为 $\boldsymbol{A}^{(1)}\boldsymbol{x}=\boldsymbol{b}^{(1)}$，$\boldsymbol{A}^{(1)}$ 和 $\boldsymbol{b}^{(1)}$ 的元素分别记作 $a_{ij}^{(1)}$ 和 $b_i^{(1)}$，$i,j=1,2,\cdots,n$，系数上标(1)代表第 1 次消元之前的状态。

第 1 次消元时，设 $a_{11}^{(1)}\neq0$。对行计算乘数，可得

$$m_{i1}=\frac{a_{i1}^{(1)}}{a_{11}^{(1)}}，\quad i=2,3,\cdots,n \tag{3-1}$$

用 $-m_{i1}$ 乘以第 1 个方程，加到第 i 个方程上，消去第 2 个方程到第 n 个方程中的未知量 x_1，得到 $\boldsymbol{A}^{(2)}\boldsymbol{x}=\boldsymbol{b}^{(2)}$，即

$$\begin{pmatrix} a_{11}^{(1)} & a_{12}^{(1)} & \cdots & a_{1n}^{(1)} \\ & a_{22}^{(2)} & \cdots & a_{2n}^{(2)} \\ & \vdots & & \vdots \\ & a_{n2}^{(n)} & \cdots & a_{nn}^{(n)} \end{pmatrix} \begin{pmatrix} x_1 \\ x_2 \\ \vdots \\ x_n \end{pmatrix} = \begin{pmatrix} b_1^{(1)} \\ b_2^{(2)} \\ \vdots \\ b_n^{(n)} \end{pmatrix} \tag{3-2}$$

其中

$$\begin{cases} a_{ij}^{(2)}=a_{ij}^{(1)}-m_{i1}a_{1j}^{(1)} \\ b_i^{(2)}=b_i^{(1)}-m_{i1}b_1^{(1)} \end{cases}，\quad i,j=2,3,\cdots,n$$

第 k 次消元（$2\leqslant k\leqslant n-1$）时，假设第 $k-1$ 次消元已经完成，即有

$$\boldsymbol{A}^{(k)}\boldsymbol{x}=\boldsymbol{b}^{(k)}$$

其中

$$\boldsymbol{A}^{(k)}=\begin{pmatrix} a_{11}^{(1)} & a_{12}^{(1)} & & \cdots & & a_{1n}^{(1)} \\ & a_{22}^{(2)} & a_{23}^{(2)} & \cdots & & a_{2n}^{(2)} \\ & & \ddots & & & \\ & & & a_{kk}^{(k)} & \cdots & a_{kn}^{(k)} \\ & & & \vdots & & \vdots \\ & & & a_{nk}^{(k)} & \cdots & a_{nn}^{(k)} \end{pmatrix} \quad \boldsymbol{b}^{(k)}=\begin{pmatrix} b_1^{(1)} \\ b_2^{(2)} \\ \vdots \\ b_k^{(k)} \\ \vdots \\ b_n^{(k)} \end{pmatrix} \tag{3-3}$$

设 $a_{kk}^{(k)}\neq0$，计算乘数

$$m_{ik}=\frac{a_{ik}^{(k)}}{a_{kk}^{(k)}}，\quad i=k+1,k+2,\cdots,n$$

用 $-m_{ik}$ 乘以第 k 个方程，加到第 i 个方程上，消去第 i 个方程到第 n 个方程中的未知量 x_k，

得到

$$\boldsymbol{A}^{(k+1)}\boldsymbol{x} = \boldsymbol{b}^{(k+1)}$$

其中

$$\begin{cases} a_{ij}^{(k+1)} = a_{ij}^{(k)} - m_{ik}a_{kj}^{(k)} \\ b_i^{(k+1)} = b_i^{(k)} - m_{ik}b_k^{(k)} \end{cases}, \quad i,j = k+1, k+2, \cdots, n$$

只要 $a_{kk}^{(k)} \neq 0$，消元过程就可以进行下去，直到经过 $n-1$ 次消元，消元过程结束，得到

$$\boldsymbol{A}^{(n)}\boldsymbol{x} = \boldsymbol{b}^{(n)}$$

或者写为

$$\begin{pmatrix} a_{11}^{(1)} & a_{12}^{(1)} & \cdots & a_{1n}^{(1)} \\ & a_{22}^{(2)} & \cdots & a_{2n}^{(2)} \\ & & \ddots & \vdots \\ & & & a_{nn}^{(n)} \end{pmatrix} \begin{pmatrix} x_1 \\ x_2 \\ \vdots \\ x_n \end{pmatrix} = \begin{pmatrix} b_1^{(1)} \\ b_2^{(2)} \\ \vdots \\ b_n^{(n)} \end{pmatrix}$$

这是一个和原方程组等价的上三角形方程组。把经过 $n-1$ 次消元将线性方程组转化为上三角形方程组的计算过程称为消元过程。

当 $a_{nn}^{(n)} \neq 0$ 时，对上三角形方程组自下而上地进行逐步回代，求解 $x_n, x_{n-1}, \cdots, x_1$，即

$$\begin{cases} x_n = \dfrac{b_n^{(n)}}{a_{nn}^{(n)}} \\ x_i = (b_i^{(i)} - \displaystyle\sum_{j=i+1}^n a_{ij}^{(i)} x_j) / a_{ii}^{(i)}, \quad i = n-1, n-2, \cdots, 2, 1 \end{cases}$$

$a_{kk}^{(k)}$（$k=1,2,\cdots,n$）称为各次消元的主元素，m_{ik}（$k=1,2,\cdots,n-1$，$i=k+1,k+2,\cdots,n$）称为各次消元的乘数，主元素所在的行为主行。

因此，当用 k 表示消元过程的次序时，顺序高斯消去法的计算步骤如下。

（1）消元过程。

设 $a_{kk}^{(k)} \neq 0$，对 $k=1,2,\cdots,n-1$ 计算乘数，得到

$$\begin{cases} m_{ik} = a_{ik}^{(k)} / a_{kk}^{(k)} \\ a_{ij}^{(k+1)} = a_{ij}^{(k)} - m_{ik}a_{kj}^{(k)}, \quad i,j = k+1, k+2, \cdots, n \\ b_i^{(k+1)} = b_i^{(k)} - m_{ik}b_k^{(k)} \end{cases} \tag{3-4}$$

（2）回代过程：

$$\begin{cases} x_n = \dfrac{b_n^{(n)}}{a_{nn}^{(n)}} \\ x_i = (b_i^{(i)} - \displaystyle\sum_{j=i+1}^n a_{ij}^{(i)} x_j) / a_{ii}^{(i)}, i = n-1, n-2, \cdots, 2, 1 \end{cases} \tag{3-5}$$

3. 使用条件

前面介绍的顺序高斯消去法是根据给定的自然顺序 $x_1, x_2, \cdots$ 逐个消元的，在消元过程的第 k 步，消去 x_k 要用系数 $a_{kk}^{(k)}$ 作为除数来确定消去行的乘数，因此 $a_{kk}^{(k)}$ 不能为 0，只有这样，消元过程才能进行。而顺序高斯消去法要进行到底，需要保证每步的 $a_{kk}^{(k)}$ 都不为 0，这里 $k = 1,2,\cdots,n-1$。在回代过程中，要求 $a_{nn}^{(n)} \neq 0$，因此，高斯消去法的使用条件为

$$a_{kk}^{(k)} \neq 0 , \quad k = 1,2,\cdots,n$$

定理 3-1 若线性方程组的系数矩阵的顺序主子式均不为零，则顺序高斯消去法能实现方程组的求解。

证 上三角形方程组是从原方程组出发，通过逐次进行"一行乘一数加到另一行上"得出的，该变换不改变系数矩阵的顺序主子式的值。

设线性方程组的系数矩阵 $A = (a_{ij})_n$，其顺序主子式为

$$D_i = \begin{vmatrix} a_{11} & a_{12} & \cdots & a_{1i} \\ a_{21} & a_{22} & \cdots & a_{2i} \\ \vdots & \vdots & & \vdots \\ a_{i1} & a_{i2} & \cdots & a_{ii} \end{vmatrix} \neq 0 , \quad i = 1,2,\cdots,n \tag{3-6}$$

经变换得到上三角形方程组的顺序主子式为

$$D_i = \begin{vmatrix} a_{11}^{(1)} & a_{12}^{(1)} & \cdots & a_{1i}^{(1)} \\ & a_{22}^{(2)} & \cdots & a_{2i}^{(2)} \\ & & \ddots & \vdots \\ & & & a_{ii}^{(i)} \end{vmatrix} = a_{11}^{(1)} a_{22}^{(2)} \cdots a_{ii}^{(i)} \neq 0 , \quad i = 1,2,\cdots,n \tag{3-7}$$

满足顺序主子式均不为零的条件，故可以使用顺序高斯消去法来求解。

在使用顺序高斯消去法时，如果阶数较高，那么在消元之前检查方程组系数矩阵的顺序主子式是很难做到的，这时可以采用系数矩阵的特性进行判断。例如，可以利用对角占优矩阵保证顺序高斯消去法的求解，除此之外，还可通过系数矩阵是否非奇异来判断，只要系数矩阵非奇异（方程组一般都已假设），通过初等行变换的"交换两行"就可以实现方程组的求解，该方法称为选主元消去法。

定义 3-1 设矩阵 $A = (a_{ij})_n$ 的对角线元素的绝对值大于同行其他元素的绝对值之和，即

$$|a_{ii}| > \sum_{\substack{j=1 \\ j \neq i}}^{n} |a_{ij}| , \quad i = 1,2,\cdots,n \tag{3-8}$$

则称 A 为严格行对角占优矩阵。本书只讨论这种情况，故后续将其简称为严格对角占优矩阵。

定理 3-2 设方程组 $Ax = b$，如果系数矩阵 A 为严格对角占优矩阵，则用顺序高斯

消去法来求解，主元素 $a_{kk}^{(k)}$ 均不为零。

证　$A = (a_{ij})$ 为严格对角占优矩阵，经过一步高斯消元，得到

$$A = \begin{pmatrix} a_{11} & a_1^{\mathrm{T}} \\ & A_2 \end{pmatrix}$$

其中

$$A_2 = \begin{pmatrix} a_{22}^{(2)} & a_{23}^{(2)} & \cdots & a_{2n}^{(2)} \\ a_{32}^{(2)} & a_{33}^{(2)} & & a_{3n}^{(2)} \\ \vdots & \vdots & & \vdots \\ a_{n2}^{(2)} & a_{n3}^{(2)} & \cdots & a_{nn}^{(2)} \end{pmatrix}$$

因为 A 为严格对角占优矩阵，所以

$$\sum_{\substack{j=1 \\ j \neq i}}^{n} |a_{ij}| < |a_{ii}|, \quad i = 1, 2, \cdots, n$$

经过一步高斯消元，得到

$$a_{ij}^{(2)} = a_{ij} - \frac{a_{i1}a_{1j}}{a_{11}}, \quad i, j = 2, 3, \cdots, n$$

$$\sum_{\substack{j=2 \\ j \neq i}}^{n} |a_{ij}^{(2)}| \leqslant \sum_{\substack{j=2 \\ j \neq i}}^{n} |a_{ij}| + \frac{|a_{i1}|}{|a_{11}|} \sum_{\substack{j=2 \\ j \neq i}}^{n} |a_{1j}|$$

$$= \sum_{\substack{j=1 \\ j \neq i}}^{n} |a_{ij}| - |a_{i1}| + \frac{|a_{i1}|}{|a_{11}|} \left(\sum_{j=2}^{n} |a_{1j}| - |a_{1i}| \right)$$

利用 A 为严格对角占优矩阵，由上式可得

$$\sum_{\substack{j=2 \\ j \neq i}}^{n} |a_{ij}^{(2)}| < |a_{ii}| - |a_{i1}| + \frac{|a_{i1}|}{|a_{11}|} (|a_{11}| - |a_{1i}|)$$

$$= |a_{ii}| - \frac{|a_{i1}||a_{1i}|}{|a_{11}|}$$

$$\leqslant \left| a_{ii} - \frac{a_{i1}a_{1i}}{a_{11}} \right| = |a_{ii}^{(2)}|, \quad i = 2, 3, \cdots, n$$

比较

$$\sum_{\substack{j=2 \\ j \neq i}}^{n} |a_{ij}^{(2)}| < |a_{ii}^{(2)}|$$

当 A 为严格对角占优矩阵时，a_{11} 不为零，余下的子阵 A_2 仍为严格对角占优矩阵，由此可以递推出 $a_{kk}^{(k)}$ 均不为零。

4．计算量

顺序高斯消去法的计算量可由下述定理给出。

定理 3-3 用顺序高斯消去法求解 n 阶线性方程组的乘除法运算次数近似为 $\frac{1}{3}n^3$。

证 在消元过程中，第 k 次消元需要进行 $n-k$ 次除法运算、$(n-k)(n-k+1)$ 次乘法运算和 $(n-k)(n-k+1)$ 次加减法运算；而在回代过程中，计算 x_i 需要进行 1 次除法运算、$n-i$ 次乘法运算和 $n-i$ 次加减法运算。

因此，总计算量为

$$\sum_{k=1}^{n-1}(n-k)+\sum_{k=1}^{n-1}(n-k)(n-k+1)+n+\sum_{i=1}^{n}(n-i)=\frac{1}{3}n(n^2+3n-1) \quad \text{（乘除法运算次数）}$$

$$\sum_{k=1}^{n-1}(n-k)(n-k+1)+\sum_{i=1}^{n}(n-i)=\frac{1}{6}n(2n^2+3n-5) \quad \text{（加减法运算次数）}$$

由于计算机进行一次乘除法运算所需的时间远远大于进行一次加减法运算所需的时间，因此，在估计计算量时，只考虑乘除法运算次数，于是顺序高斯消去法的总计算量为 $\frac{1}{3}n(n^2+3n-1)$，当 n 比较大时，近似为 $\frac{1}{3}n^3$。

5．可行性

顺序高斯消去法中的未知量是按照其在方程组中的自然顺序消去的，在消元过程中，需要假定 $a_{kk}^{(k)} \neq 0$，$k=1,2,\cdots,n$，只有这样，消元才能顺利进行下去。由于顺序消元不改变 A 的主子式，因此顺序高斯消去法可行的充要条件为 A 的各阶主子式均不为零。但是，实际上只要保证 $\det A \neq 0$，方程组 $Ax=b$ 就有解，因此顺序高斯消去法本身具有局限性。

此外，即使顺序高斯消去法可行，如果 $\left|a_{kk}^{(k)}\right|$ 很小，那么在运算中将它作为除法的分母，也会导致其他元素数量级的严重增长和舍入误差的积累，这是顺序高斯消去法的另一个缺点。

例 3-1 方程组

$$\begin{cases}0.0003x_1+3.0000x_2=2.0001 & ① \\ 1.0000x_1+1.0000x_2=1.0000 & ②\end{cases}$$

的精确解为 $x_1=\frac{1}{3}$，$x_2=\frac{2}{3}$。利用顺序高斯消去法来求解，计算中取 5 位有效数字。

解 方程①×(−1)÷0.0003+方程②得

$$\begin{cases}0.0003x_1+3.0000x_2=2.0001 \\ 9999.0x_2=6666.0\end{cases}$$

因此 $x_2=0.6667$，代入方程①得 $x_1=0$。由此得到的解完全失真，如果交换两个方程的顺序，则得到如下等价方程组：

$$\begin{cases} 1.0000x_1 + 1.0000x_2 = 1.0000 \\ 0.0003x_1 + 3.0000x_2 = 2.0001 \end{cases}$$

经过高斯消元后得到

$$\begin{cases} 1.0000x_1 + 1.0000x_2 = 1.0000 \\ 2.9997x_2 = 1.9998 \end{cases}$$

因此 $x_2 = 0.6667$ ，$x_1 = 0.3333$ 。

由此可以看到，在某些情况下，交换方程组的顺序对方程组的解是有影响的，在顺序高斯消去法中，抑制舍入误差的增长是十分重要的。

3.1.2 选主元高斯消去法

顺序高斯消去法在计算过程中可能会出现两个问题，一是若主元素 $a_{kk}^{(k)} = 0$ ，则消元过程无法进行；二是即使主元素不为零，但与该元素所在列的对角线以下各元素相比，当它的绝对值很小时，会出现舍入误差，这可能会引起计算结果的严重失真。

为避免上述问题，在消元过程中应该选取绝对值较大的元素作为主元素，即在每次消元之前增加一个选取主元素的过程，将绝对值大的元素交换到主对角线位置上。因此，为了避免零主元或小主元，引入选主元高斯消去法。

根据主元素的选取范围不同，选主元高斯消去法通常又分为全选主元和列选主元两种方法。

1. 全选主元法

全选主元法是指当变换到第 k 步时，从右下角 $n-k+1$ 阶子矩阵中选取绝对值最大的元素，通过行交换与列交换将它交换到 a_{kk} 位置上，并保留交换信息，以供后面调整解向量中分量的次序使用。

例 3-2 用全选主元法求解以下线性方程组：

$$\begin{cases} x_1 + 2x_2 + 3x_3 = 1 \\ 5x_1 + 4x_2 + 10x_3 = 0 \\ 3x_1 - 0.1x_2 + x_3 = 2 \end{cases}$$

解 用增广矩阵的变换表示全选主元法的求解过程，其中下画线标识的是全主元：

$$\begin{array}{cccc} x_1 & x_2 & x_3 & b \\ \begin{pmatrix} 1 & 2 & 3 & 1 \\ 5 & 4 & \underline{10} & 0 \\ 3 & -0.1 & 1 & 2 \end{pmatrix} \end{array} \xrightarrow[\text{交换第1、3列}]{\text{交换第1、2行}} \begin{array}{cccc} x_3 & x_2 & x_1 & b \\ \begin{pmatrix} \underline{10} & 4 & 5 & 0 \\ 3 & 2 & 1 & 1 \\ 1 & -0.1 & 3 & 2 \end{pmatrix} \end{array}$$

$$\xrightarrow{\text{消元}} \begin{array}{cccc} x_3 & x_2 & x_1 & b \\ \begin{pmatrix} \underline{10} & 4 & 5 & 0 \\ 0 & 0.8 & -0.5 & 1 \\ 0 & -0.5 & \underline{2.5} & 2 \end{pmatrix} \end{array} \xrightarrow[\text{交换第2、3列}]{\text{交换第2、3行}} \begin{array}{cccc} x_3 & x_1 & x_2 & b \\ \begin{pmatrix} \underline{10} & 5 & 4 & 0 \\ 0 & \underline{2.5} & -0.5 & 2 \\ 0 & -0.5 & 0.8 & 1 \end{pmatrix} \end{array}$$

$$
\xrightarrow{\text{消元}}
\begin{array}{cccc}
x_3 & x_1 & x_2 & b \\
\end{array}
\begin{pmatrix}
\underline{10} & 5 & 4 & 0 \\
0 & \underline{2.5} & -0.5 & 2 \\
0 & 0 & \underline{0.7} & 1.4
\end{pmatrix}
\xrightarrow{\text{回代}}
\begin{array}{cccc}
x_3 & x_1 & x_2 & b \\
\end{array}
\begin{pmatrix}
1 & 0 & 0 & -1.4 \\
0 & 1 & \underline{0} & 1.2 \\
0 & 0 & 1 & 2
\end{pmatrix}
$$

因此，得出此方程组的解为 $x_1 = 1.2$，$x_2 = 2$，$x_3 = -1.4$。

2. 列选主元法

列选主元法是指当消元到第 k 步时，从第 k 列的 a_{kk} 以下（包括 a_{kk}）各元素中选取绝对值最大的元素，通过行交换将其交换到 a_{kk} 位置上。此处的交换只有行交换，而没有未知量次序的交换。

虽然全选主元法的求解结果更加可靠，但是由于列选主元法比全选主元法的运算量小，且一般情况下能够满足精度要求，达到较好的数值稳定性，因此实际计算中经常使用列选主元法。

例 3-3 用列选主元法求解以下线性方程组：

$$
\begin{cases}
2x_1 + x_2 + 2x_3 = 5 \\
5x_1 - x_2 + x_3 = 8 \\
x_1 - 3x_2 - 4x_3 = -4
\end{cases}
$$

解 用增广矩阵的变换表示列选主元、消元与回代过程，可得

$$
\begin{pmatrix}
2 & 1 & 2 & 5 \\
5 & -1 & 1 & 8 \\
1 & -3 & -4 & -4
\end{pmatrix}
\xrightarrow{\text{交换第1、2行}}
\begin{pmatrix}
5 & -1 & 1 & 8 \\
2 & 1 & 2 & 5 \\
1 & -3 & -4 & -4
\end{pmatrix}
$$

$$
\xrightarrow{\text{消元}}
\begin{pmatrix}
5 & -1 & 1 & 8 \\
0 & 1.4 & 1.6 & 1.8 \\
0 & -2.8 & -4.2 & -5.6
\end{pmatrix}
\xrightarrow{\text{交换第2、3行}}
\begin{pmatrix}
5 & -1 & 1 & 8 \\
0 & -2.8 & -4.2 & -5.6 \\
0 & 1.4 & 1.6 & 1.8
\end{pmatrix}
$$

$$
\xrightarrow{\text{消元}}
\begin{pmatrix}
5 & -1 & 1 & 8 \\
0 & -2.8 & -4.2 & -5.6 \\
0 & 0 & -0.5 & -1
\end{pmatrix}
\xrightarrow{\text{回代}}
\begin{pmatrix}
1 & 0 & 0 & 1 \\
0 & 1 & 0 & -1 \\
0 & 0 & 1 & 2
\end{pmatrix}
$$

最终得到方程组的解为 $x_1 = 1$，$x_2 = -1$，$x_3 = 2$。

列选主元法还可以用来求系数行列式。假设有以下系数矩阵：

$$
\boldsymbol{A} =
\begin{pmatrix}
a_{11} & a_{12} & \cdots & a_{1n} \\
a_{21} & a_{22} & \cdots & a_{2n} \\
\vdots & \vdots & & \vdots \\
a_{n1} & a_{n2} & \cdots & a_{nn}
\end{pmatrix}
\tag{3-9}
$$

用列选主元法将其转化为上三角矩阵，并假设对角线上的元素为 $b_{11}, b_{22}, \cdots, b_{nn}$，则 $\boldsymbol{A}$ 的行列式为

$$\det A = (-1)^m b_{11} b_{22} \cdots b_{nn} \qquad (3\text{-}10)$$

其中，m 为所进行的行列交换的次数。这是实际中求行列式值的可靠方法。

例 3-4 求解例 3-3 中的系数矩阵 A 的行列式 $\det A$。

解 由例 3-3 的解题过程可知，经过两次行交换，消元后得

$$\begin{pmatrix} 5 & -1 & 1 & 8 \\ 0 & -2.8 & -4.2 & -5.6 \\ 0 & 0 & -0.5 & -1 \end{pmatrix}$$

因此

$$\det A = (-1)^2 \times 5 \times (-2.8) \times (-0.5) = 7$$

3.1.3 高斯-若尔当消去法

高斯消去法有消元和回代两个过程，若考虑在消元过程中将上对角线元素也消去，则此时不必回代就可求出方程组的解。这种只有消元过程而没有回代过程的消去法称为高斯-若尔当（Gauss-Jordan）消去法，即

$$\boldsymbol{D}\boldsymbol{x} = \boldsymbol{b} \qquad (3\text{-}11)$$

其中，矩阵 $\boldsymbol{D}$ 为对角矩阵：

$$\boldsymbol{D} = \begin{pmatrix} a_{11}^{(1)} & & & \\ & a_{22}^{(2)} & & \\ & & \ddots & \\ & & & a_{nn}^{(n)} \end{pmatrix} \qquad (3\text{-}12)$$

高斯-若尔当消去法的主要特点是每次利用主元素时，将其所在列的其余元素全部消为零。

例 3-5 用高斯-若尔当消去法求解以下线性方程组：

$$\begin{cases} x_1 + 3x_2 + x_3 = 11 \\ 2x_1 + x_2 + x_3 = 8 \\ 2x_1 + 2x_2 + x_3 = 10 \end{cases}$$

解 利用增广矩阵表示消元过程：

$$\begin{pmatrix} 1 & 3 & 1 & 11 \\ 2 & 1 & 1 & 8 \\ 2 & 2 & 1 & 10 \end{pmatrix} \xrightarrow{\text{第1次消元}} \begin{pmatrix} 1 & 3 & 1 & 11 \\ 0 & -5 & -1 & -14 \\ 0 & -4 & -1 & -12 \end{pmatrix}$$

$$\xrightarrow{\text{第2次消元}} \begin{pmatrix} 1 & 0 & \dfrac{2}{5} & \dfrac{13}{5} \\ 0 & -5 & -1 & -14 \\ 0 & 0 & -\dfrac{1}{5} & -\dfrac{4}{5} \end{pmatrix} \xrightarrow{\text{第3次消元}} \begin{pmatrix} 1 & 0 & 0 & 1 \\ 0 & -5 & 0 & -10 \\ 0 & 0 & -\dfrac{1}{5} & -\dfrac{4}{5} \end{pmatrix}$$

无须回代即可求出 $x_1 = 1$，$x_2 = 2$，$x_3 = 4$。

当高斯-若尔当消去法消元的每一步都先用主元素去除其所在行的各元素（包括常数项）时，方程组可转化为

$$\begin{pmatrix} 1 & & & \\ & 1 & & \\ & & \ddots & \\ & & & 1 \end{pmatrix} \begin{pmatrix} x_1 \\ x_2 \\ \vdots \\ x_n \end{pmatrix} = \begin{pmatrix} b_1^{(1)} \\ b_2^{(2)} \\ \vdots \\ b_n^{(n)} \end{pmatrix} \qquad （3\text{-}13）$$

这时等号右端即方程的解，而每一步消元都先用主元素去除其所在行的各元素的这个过程称为归一化。这样，方程组的系数矩阵最终转化为单位矩阵。

为减小误差，高斯-若尔当消去法有时也会结合列选主元法先选取主元素，再进行归一化和消元计算。

用高斯-若尔当消去法求逆矩阵是比较方便的。例如，设 $A = (a_{ij})_{n \times n}$ 可逆，E 为 n 阶单位矩阵，对 $(A \mid E)$，即

$$\begin{pmatrix} a_{11} & a_{12} & \cdots & a_{1n} & 1 & & & \\ a_{21} & a_{22} & \cdots & a_{2n} & & 1 & & \\ \vdots & \vdots & & \vdots & & & \ddots & \\ a_{n1} & a_{n2} & \cdots & a_{nn} & & & & 1 \end{pmatrix}$$

按列选取主元素后，用高斯-若尔当消去法将左边的矩阵 A 转化为右边的单位矩阵 E，可得如下矩阵：

$$\begin{pmatrix} 1 & & & & b_{11} & b_{12} & \cdots & b_{1n} \\ & 1 & & & b_{21} & b_{22} & \cdots & b_{2n} \\ & & \ddots & & \vdots & \vdots & & \vdots \\ & & & 1 & b_{n1} & b_{n2} & \cdots & b_{nn} \end{pmatrix}$$

从而可得逆矩阵 $A^{-1} = (b_{ij})_{n \times n}$。

例 3-6 求下列非奇异矩阵 A 的逆矩阵：

$$A = \begin{pmatrix} 1 & 2 & 3 \\ 2 & 1 & 2 \\ 1 & 3 & 4 \end{pmatrix}$$

解 用高斯-若尔当消去法来求解：

$$\begin{pmatrix} 1 & 2 & 3 & 1 & 0 & 0 \\ 2 & 1 & 2 & 0 & 1 & 0 \\ 1 & 3 & 4 & 0 & 0 & 1 \end{pmatrix} \xrightarrow{\text{列选主元}} \begin{pmatrix} 2 & 1 & 2 & 0 & 1 & 0 \\ 1 & 2 & 3 & 1 & 0 & 0 \\ 1 & 3 & 4 & 0 & 0 & 1 \end{pmatrix}$$

$$\xrightarrow{\text{归一消元}} \begin{pmatrix} 1 & 0.5 & 1 & 0 & 0.5 & 0 \\ 0 & 1.5 & 2 & 1 & -0.5 & 0 \\ 0 & 2.5 & 3 & 0 & -0.5 & 1 \end{pmatrix} \xrightarrow{\text{列选主元}} \begin{pmatrix} 1 & 0.5 & 1 & 0 & 0.5 & 0 \\ 0 & 2.5 & 3 & 0 & -0.5 & 1 \\ 0 & 1.5 & 2 & 1 & -0.5 & 0 \end{pmatrix}$$

$$\xrightarrow{\text{归一消元}} \begin{pmatrix} 1 & 0 & 0.4 & 0 & 0.6 & -0.2 \\ 0 & 1 & 1.2 & 0 & -0.2 & 0.4 \\ 0 & 0 & 0.2 & 1 & -0.2 & -0.6 \end{pmatrix} \xrightarrow{\text{归一消元}} \begin{pmatrix} 1 & 0 & 0 & -2 & 1 & 1 \\ 0 & 1 & 0 & -6 & 1 & 4 \\ 0 & 0 & 1 & 5 & -1 & -3 \end{pmatrix}$$

即逆矩阵为

$$A^{-1} = \begin{pmatrix} -2 & 1 & 1 \\ -6 & 1 & 4 \\ 5 & -1 & -3 \end{pmatrix}$$

高斯-若尔当消去法执行一次归一化过程需要进行 $n-k+1$ 次除法运算，执行一次消元过程需要进行 $(n-1)(n-k+1)$ 次乘法运算，因此，高斯-若尔当消去法的总计算量为

$$\sum_{k=1}^{n} n(n-k+1) = \frac{n^2}{2}(n+1) \approx \frac{1}{2}n^3$$

可以看出，高斯-若尔当消去法的计算量比顺序高斯消去法的计算量大。

3.2　矩阵三角分解法

矩阵三角分解法是高斯消去法的变形，它的复杂度和高斯消去法的复杂度一样，都是 $O(n^3)$，但是矩阵三角分解法在处理线性方程组系（具有相同的系数矩阵，但是右端项不同的方程组）时，运算比较方便。

3.2.1　高斯消去法的矩阵描述

由前面的介绍可以了解到，高斯消去法的消元过程是将矩阵 $\left(A^{(1)} \mid b^{(1)} \right)$ 通过消元过程逐步变换为矩阵 $\left(A^{(n)} \mid b^{(n)} \right)$。用矩阵的观点来看，高斯消去法的每一步相当于用一个初等下三角矩阵同时左乘方程的两端。下面借助矩阵理论进一步对高斯消去法进行分析，从而建立高斯消去法与矩阵因式分解的关系。

设有线性方程组 $A^{(1)}x = b^{(1)}$，系数矩阵 $A^{(1)}$ 的各阶顺序主子式均不为零，则可用顺序高斯消去法来求解。对系数矩阵 $A^{(1)}$ 进行除不交换两行位置的初等行变换相当于用初等矩阵 L_1 左乘 $A^{(1)}$，在对方程组进行第 1 次消元后，$A^{(1)}$ 和 $b^{(1)}$ 分别转化为 $A^{(2)}$ 和 $b^{(2)}$，即

$$\begin{cases} L_1 A^{(1)} = A^{(2)} \\ L_1 b^{(1)} = b^{(2)} \end{cases} \tag{3-14}$$

第 2 次消元后，$A^{(2)}$ 和 $b^{(2)}$ 分别转化为 $A^{(3)}$ 和 $b^{(3)}$，即

$$\begin{cases} L_2 A^{(2)} = A^{(3)} \\ L_2 b^{(2)} = b^{(3)} \end{cases} \tag{3-15}$$

于是可得

$$A^{(1)} = L_1^{-1} L_2^{-1} A^{(3)} \tag{3-16}$$

记 $L = L_1^{-1} L_2^{-1}$，$A = A^{(1)}$，$U = A^{(3)}$，于是有 $A = LU$。

由此可见，顺序高斯消去法实现了系数矩阵 A 的 LU 分解；也可以说顺序高斯消去法是建立在矩阵的 LU 分解这一理论之上的，是它的具体实现手段之一。

矩阵 A 的 LU 分解只要求 L 是下三角矩阵，U 是上三角矩阵，并不一定要求 L 或 U 是单位三角矩阵。此时，如果 A 存在某种 LU 分解，则此分解不是唯一的。当 L 是单位下三角矩阵或 U 是单位上三角矩阵时，分解是唯一的。

把 A 分解成一个单位下三角矩阵 L 和一个上三角矩阵 U 的乘积称为杜利特尔分解；把 A 分解成一个下三角矩阵 L 和一个单位上三角矩阵 U 的乘积称为克劳特分解。

定理 3-4 n（$n \geq 2$）阶矩阵 A 有唯一杜利特尔分解（或克劳特分解）的充分条件是 A 的各阶主子式均不为零。

证 高斯消去法的矩阵描述已表明 $A = LU$ 的存在性。

下面证明 A 的 LU 分解唯一。假设 A 有两种 LU 分解：

$$A = LU = \bar{L}\bar{U}$$

因为 $|A| \neq 0$，所以 L、U、$\bar{L}$、$\bar{U}$ 均为非奇异矩阵，有

$$\bar{L}^{-1}L = \bar{U}U^{-1}$$

其中，左端为单位下三角矩阵，右端为上三角矩阵。由矩阵相等的条件可知，它们只能都是 n 阶单位矩阵，即

$$\bar{L}^{-1}L = I，\quad \bar{U}U^{-1} = I$$

故有 $L = \bar{L}$，$U = \bar{U}$，从而证明了唯一性。

在上述证明过程中，各阶主子式均不为零即顺序主子矩阵非奇异。上述分解即杜利特尔分解。对于克劳特分解，其所需条件是一样的。

理论上，根据定理 3-4 确定系数矩阵时，因为它是充分条件，所以会使系数的取值范围减小，但在实际中，矩阵的 LU 分解也仅限于其各阶主子矩阵非奇异的情况。

例 3-7 设 $A = \begin{pmatrix} a+1 & 2 \\ 2 & 1 \end{pmatrix}$，讨论 a 取何值时，矩阵 A 可进行 LU 分解。

解 当 A 的顺序主子式均不为零时，矩阵 A 存在 LU 分解，即

$$a+1 \neq 0 , \quad (a+1)-2 \times 2 \neq 0$$

解得

$$a \neq -1 , \quad a \neq 3$$

3.2.2　矩阵的直接三角分解

将高斯消去法改写成紧凑形式,可以直接由矩阵 A 的元素得到计算 L 和 U 的元素的递推公式,而不需要任何消元步骤,这就是所谓的直接三角分解法。

定义 3-2　将矩阵 A 分解成一个下三角矩阵 L 和一个上三角矩阵 U 的乘积称为对矩阵 A 的三角分解,又称 LU 分解。

假设 $A = LU$ 为

$$\begin{pmatrix} a_{11} & a_{12} & \cdots & a_{1n} \\ a_{21} & a_{22} & \cdots & a_{2n} \\ \vdots & \vdots & & \vdots \\ a_{n1} & a_{n2} & \cdots & a_{nn} \end{pmatrix} = \begin{pmatrix} 1 & & & \\ l_{21} & 1 & & \\ \vdots & \vdots & \ddots & \\ l_{n1} & l_{n2} & \cdots & 1 \end{pmatrix} \begin{pmatrix} u_{11} & u_{12} & \cdots & u_{1n} \\ & u_{22} & \cdots & u_{2n} \\ & & \ddots & \vdots \\ & & & u_{nn} \end{pmatrix} \quad （3\text{-}17）$$

则由矩阵的乘法规则可以计算出矩阵 L 和 U 的每个元素。

（1）计算矩阵 U 的第 1 行元素和 L 的第 1 列元素,可列出如下关系式:

$$\begin{cases} u_{1i} = a_{1i}, & i = 1,2,\cdots,n \\ l_{i1} = \dfrac{a_{i1}}{u_{11}}, & i = 2,3,\cdots,n \end{cases} \quad （3\text{-}18）$$

（2）计算矩阵 U 的第 r 行元素和 L 的第 r 列元素（$r = 2, 3, \cdots$）,可列出如下关系式:

$$\begin{cases} u_{ri} = a_{ri} - \displaystyle\sum_{k=1}^{r-1} l_{rk} u_{ki}, & i = r, r+1, \cdots, n \\ l_{ir} = \left(a_{ir} - \displaystyle\sum_{k=1}^{r-1} l_{ik} u_{kr} \right) \Big/ u_{rr}, & i = r+1, r+2, \cdots, n \end{cases} \quad （3\text{-}19）$$

计算矩阵 A 的行列式 $|A|$ 时,由于

$$|A| = |L||U| = u_{11} u_{22} \cdots u_{nn} \quad （3\text{-}20）$$

因此只要将矩阵 U 的主对角线元素相乘即可。

利用杜利特尔分解,并将 A、L、U 写在一起,可得

$$\begin{array}{|cccccccc|} \hline (a_{11}) & u_{11} & (a_{12}) & u_{12} & \cdots & (a_{1n}) & u_{1n} & ① \\ (a_{21}) & l_{21} & (a_{22}) & l_{22} & \cdots & (a_{2n}) & u_{2n} & ③ \\ (a_{31}) & l_{31} & (a_{32}) & l_{32} & \cdots & (a_{3n}) & u_{3n} & ⑤ \\ \vdots & \vdots & \vdots & \vdots & \ddots & \vdots & & \\ & & & & & (a_{nn}) & u_{nn} & \\ \hline & ② & & ④ & & & & \end{array} \quad （3\text{-}21）$$

由此可得杜利特尔分解法的步骤如下。

（1）计算顺序：按框从外到内，每个框先行后列，即按①→②→③→④→⑤→⋯的顺序进行，行从左到右，列从上到下。

（2）计算方法：计算行时，先求 u_{ri} 对应元素 a_{ri} 逐项减去 u_{ri} 所在行左面各框元素 l_{rk} 乘以 u_{ri} 所在列上面各框元素 u_{ki}，$k=1,2,\cdots,r-1$；计算列 l_{ir} 时，在进行上述相应运算后，除以 l_{ir} 所在框的对角元素 u_{rr}。

例 3-8　用杜利特尔分解法对矩阵 A 进行分解，并求 $|A|$。

$$A = \begin{pmatrix} 2 & 1 & 1 \\ 1 & 3 & 2 \\ 1 & 2 & 2 \end{pmatrix}$$

解　对于 $r=1$，有

$$u_{11}=2,\ u_{12}=1,\ u_{13}=1$$
$$l_{21}=\frac{1}{2}=0.5,\ l_{31}=\frac{1}{2}=0.5$$

对于 $r=2$，有

$$u_{22}=a_{22}-l_{21}u_{12}=3-0.5=2.5$$
$$u_{23}=a_{23}-l_{21}u_{13}=2-0.5=1.5$$
$$l_{32}=(a_{32}-l_{31}u_{13})/u_{22}=(2-0.5)/2.5=0.6$$

对于 $r=3$，有

$$u_{33}=a_{33}-l_{31}u_{13}-l_{32}u_{23}=0.6$$

因此

$$L=\begin{pmatrix} 1 & 0 & 0 \\ 0.5 & 1 & 0 \\ 0.5 & 0.6 & 1 \end{pmatrix},\ U=\begin{pmatrix} 2 & 1 & 1 \\ 0 & 2.5 & 1.5 \\ 0 & 0 & 0.6 \end{pmatrix}$$
$$|A|=u_{11}u_{22}u_{33}=2\times2.5\times0.6=3$$

3.2.3　用矩阵三角分解法解线性方程组

求解线性方程组 $Ax=b$ 时，如果对 A 进行 LU 分解，那么此时求解线性方程组就转化为求解 $LUx=b$，由于

$$Ax=LUx=L(Ux)=Ly=b$$

因此可以先顺代由 $Ly=b$ 解出 y，再回代由 $Ux=y$ 解出 x。

基于这个思路便可得到利用杜利特尔分解法求解线性方程组的计算步骤。

（1）首先对系数矩阵进行 LU 分解。

① 计算 u_{1i}（$i=1,2,\cdots,n$）和 l_{i1}（$i=2,3,\cdots,n$）。

② 当 $r = 2,3,\cdots,n$ 时，计算 u_{ri}（$i = r,r+1,\cdots,n$）和 l_{ir}（$i = r+1,r+2,\cdots,n$）。

（2）求解 $\boldsymbol{L}\boldsymbol{y} = \boldsymbol{b}$，即计算

$$
\begin{cases}
y_1 = b_1 \\
y_i = b_i - \displaystyle\sum_{k=1}^{i-1} l_{ik} y_k, & i = 2,3,\cdots,n
\end{cases}
\tag{3-22}
$$

（3）求解 $\boldsymbol{U}\boldsymbol{x} = \boldsymbol{y}$，即计算

$$
\begin{cases}
x_n = \dfrac{y_n}{u_{nn}} \\
x_i = (y_i - \displaystyle\sum_{k=i+1}^{n} u_{ik} x_k) / u_{ii}, & i = n-1,n-2,\cdots,2,1
\end{cases}
\tag{3-23}
$$

用 LU 分解法求解线性方程组所需的计算量仍为 $\dfrac{1}{3}n^3$，与顺序高斯消去法的计算量在数量级上基本相同。

例 3-9　利用杜利特尔分解法求解以下线性方程组：

$$
\begin{pmatrix} 2 & 1 & 1 \\ 1 & 3 & 2 \\ 1 & 2 & 2 \end{pmatrix}
\begin{pmatrix} x_1 \\ x_2 \\ x_3 \end{pmatrix} =
\begin{pmatrix} 7 \\ 13 \\ 11 \end{pmatrix}
$$

解　由例 3-8 对系数矩阵进行杜利特尔分解得

$$
\boldsymbol{L} = \begin{pmatrix} 1 & 0 & 0 \\ 0.5 & 1 & 0 \\ 0.5 & 0.6 & 1 \end{pmatrix}, \quad
\boldsymbol{U} = \begin{pmatrix} 2 & 1 & 1 \\ 0 & 2.5 & 1.5 \\ 0 & 0 & 0.6 \end{pmatrix}
$$

由

$$
\begin{pmatrix} 1 & 0 & 0 \\ 0.5 & 1 & 0 \\ 0.5 & 0.6 & 1 \end{pmatrix}
\begin{pmatrix} y_1 \\ y_2 \\ y_3 \end{pmatrix} =
\begin{pmatrix} 7 \\ 13 \\ 11 \end{pmatrix}
$$

解得

$$
y_1 = 7, \quad y_2 = 9.5, \quad y_3 = 1.8
$$

又由

$$
\begin{pmatrix} 2 & 1 & 1 \\ 0 & 2.5 & 1.5 \\ 0 & 0 & 0.6 \end{pmatrix}
\begin{pmatrix} x_1 \\ x_2 \\ x_3 \end{pmatrix} =
\begin{pmatrix} 7 \\ 9.5 \\ 1.8 \end{pmatrix}
$$

解得

$$
x_1 = 1, \quad x_2 = 2, \quad x_3 = 3
$$

LU 分解规则不仅适用于对矩阵 $\boldsymbol{A}$ 的分解，还适用于将 $\boldsymbol{Ax}=\boldsymbol{b}$ 消元转化成 $\boldsymbol{Ux}=\boldsymbol{y}$ 时，由 $\boldsymbol{b}$ 算出 $\boldsymbol{y}$，即将 $\boldsymbol{b}$ 看作 $\boldsymbol{A}$ 右边的一列，并按照对 $\boldsymbol{A}$ 的元素分解规则对其进行分解。这个过程即按照

$$
\begin{array}{llllllll}
(a_{11}) & u_{11} & (a_{12}) & u_{12} & \cdots & (a_{1n}) & u_{1n} & (b_1) & y_1 \\
(a_{21}) & l_{21} & (a_{22}) & l_{22} & \cdots & (a_{2n}) & u_{2n} & (b_2) & y_2 \\
(a_{31}) & l_{31} & (a_{32}) & l_{32} & \cdots & (a_{3n}) & u_{3n} & (b_3) & y_3 \\
\vdots & \vdots & \vdots & \vdots & \ddots & \vdots & \vdots & \vdots & \vdots \\
& & & & & (a_{nn}) & u_{nn} & (b_n) & y_n
\end{array}
$$

进行计算。

例 3-10 利用杜利特尔分解法求解以下方程组：

$$
\begin{pmatrix} 1 & 2 & 3 & -4 \\ -3 & -4 & -12 & 13 \\ 2 & 10 & 0 & -3 \\ 4 & 14 & 9 & -13 \end{pmatrix}\begin{pmatrix} x_1 \\ x_2 \\ x_3 \\ x_4 \end{pmatrix} = \begin{pmatrix} -2 \\ 5 \\ 10 \\ 7 \end{pmatrix}
$$

解 对系数矩阵（包括常数项）进行分解得

$$
\begin{array}{llllllllll}
(1) & 1 & (2) & 2 & (3) & 3 & (-4) & -4 & (-2) & -2 \\
(-3) & -3 & (-4) & 2 & (-12) & -3 & (13) & 1 & (5) & -1 \\
(2) & 2 & (10) & 3 & (0) & 3 & (-3) & 2 & (10) & 17 \\
(4) & 4 & (14) & 3 & (9) & 2 & (-13) & -4 & (7) & -16
\end{array}
$$

由 $\boldsymbol{Ux}=\boldsymbol{y}$ 得

$$
\begin{pmatrix} 1 & 2 & 3 & -4 \\ 0 & 2 & -3 & 1 \\ 0 & 0 & 3 & 2 \\ 0 & 0 & 0 & -4 \end{pmatrix}\begin{pmatrix} x_1 \\ x_2 \\ x_3 \\ x_4 \end{pmatrix} = \begin{pmatrix} -2 \\ -1 \\ 17 \\ -16 \end{pmatrix}
$$

解得

$$
x_4 = 4, \quad x_3 = 3, \quad x_2 = 2, \quad x_1 = 1
$$

前面提到，线性方程组系是指具有相同系数矩阵，但是右端项不同的一系列方程组，形如

$$
\begin{cases} \boldsymbol{Ax}=\boldsymbol{b}_1 \\ \boldsymbol{Ax}=\boldsymbol{b}_2 \\ \quad\vdots \\ \boldsymbol{Ax}=\boldsymbol{b}_n \end{cases} \tag{3-24}
$$

其中，$\boldsymbol{A} \in \mathbf{R}^{n\times n}$；$\boldsymbol{x}, \boldsymbol{b}_1, \boldsymbol{b}_2, \cdots, \boldsymbol{b}_n \in \mathbf{R}^n$。

使用系数矩阵的直接三角分解法求解线性方程组系十分方便，由于将系数矩阵的计

算和右端项的计算分开，因此只需进行一次矩阵分解，并解多个三角方程组即可，每多解一个方程组仅需增加 n^2 次乘除法运算。当线性方程组系的右端项是单位矩阵 I 的各个列向量 $i_1, i_2, \cdots, i_n$ 时，有

$$AX = I$$

其中，$A, X, I \in \mathbf{R}^{n \times n}$，可推导出

$$X = A^{-1} \tag{3-25}$$

下面介绍用直接三角分解法对矩阵 A 求逆矩阵的一般步骤。

（1）对由矩阵 A 和单位矩阵 I 组成的增广矩阵进行杜利特尔分解，即

$$AI \to LUY$$

其中，$A, I, L, U, Y \in \mathbf{R}^{n \times n}$，且 L 为单位下三角矩阵，U 为上三角矩阵。

（2）对 $j = 1, 2, \cdots, n$ 求解以下方程组系：

$$Ux = y_j$$

其中，y_j 是矩阵 Y 的第 j 列。解记作 $x = a_j$，$j = 1, 2, \cdots, n$。

（3）此时，逆矩阵 $A^{-1} = (a_1, a_2, \cdots, a_n)$。

例 3-11 用杜利特尔分解法求逆矩阵 A^{-1}。

$$A = \begin{pmatrix} 1 & 1 & -1 \\ 1 & 2 & -2 \\ -2 & 1 & 1 \end{pmatrix}$$

解 对 AI 进行杜利特尔分解：

(1)	1	(1)	1	(−1)	−1	(1)	1	(0)	0	(0)	0
(1)	1	(2)	1	(−2)	−1	(0)	−1	(1)	1	(0)	0
(−2)	−2	(1)	3	(1)	2	(0)	5	(0)	−3	(1)	1

解线性方程组系

$$\begin{pmatrix} 1 & 1 & -1 \\ & 1 & -1 \\ & & 2 \end{pmatrix} \begin{pmatrix} x_1 \\ x_2 \\ x_3 \end{pmatrix} = \begin{pmatrix} 1 \\ -1 \\ 5 \end{pmatrix} \quad a_1 = \begin{bmatrix} 2 \\ 1.5 \\ 2.5 \end{bmatrix}$$

$$\begin{pmatrix} 1 & 1 & -1 \\ & 1 & -1 \\ & & 2 \end{pmatrix} \begin{pmatrix} x_1 \\ x_2 \\ x_3 \end{pmatrix} = \begin{pmatrix} 0 \\ 1 \\ -3 \end{pmatrix} \quad a_2 = \begin{bmatrix} -1 \\ -0.5 \\ -1.5 \end{bmatrix}$$

$$\begin{pmatrix} 1 & 1 & -1 \\ & 1 & -1 \\ & & 2 \end{pmatrix} \begin{pmatrix} x_1 \\ x_2 \\ x_3 \end{pmatrix} = \begin{pmatrix} 0 \\ 0 \\ 1 \end{pmatrix} \quad a_3 = \begin{bmatrix} 0 \\ 0.5 \\ 0.5 \end{bmatrix}$$

因此

$$A^{-1} = (a_1, a_2, a_3) = \begin{pmatrix} 2 & -1 & 0 \\ 1.5 & -0.5 & 0.5 \\ 2.5 & -1.5 & 0.5 \end{pmatrix}$$

下面讨论克劳特分解的分解形式和步骤。

在矩阵 $A = LU$ 的克劳特分解形式中，L 是下三角矩阵，U 是单位上三角矩阵，即

$$L = \begin{pmatrix} l_{11} & & & \\ l_{21} & l_{22} & & \\ \vdots & \vdots & \ddots & \\ l_{n1} & l_{n2} & \cdots & l_{nn} \end{pmatrix}, \quad U = \begin{pmatrix} 1 & u_{12} & \cdots & u_{1n} \\ & 1 & \cdots & u_{2n} \\ & & \ddots & \vdots \\ & & & 1 \end{pmatrix} \tag{3-26}$$

类似于杜利特尔分解的手法，这里可先推导出 L 的第 1 列元素和 U 的第 1 行元素：

$$l_{i1} = a_{i1}, \quad i = 1, 2, \cdots, n$$

$$u_{1i} = \frac{a_{1i}}{l_{11}}, \quad i = 2, 3, \cdots, n$$

再计算出 L 的前 $r-1$ 列元素和 U 的前 $r-1$ 行元素，对于 $i = r, r+1, \cdots, n$，可得

$$l_{ir} = a_{ir} - \sum_{k=1}^{r-1} l_{ik} u_{kr}, \quad i = r, r+1, \cdots, n$$

$$u_{ri} = (a_{ri} - \sum_{k=1}^{r-1} l_{rk} u_{ki}) / l_{rr}, \quad i = r+1, r+2, \cdots, n \tag{3-27}$$

因此，用克劳特分解法求解线性方程组 $Ax = b$ 的一般步骤如下。

（1）对系数矩阵进行 LU 分解。

① 计算 l_{i1}（$i = 1, 2, \cdots, n$）和 u_{1i}（$i = 2, 3, \cdots, n$）。

② 当 $r = 2, 3, \cdots, n$ 时，计算 l_{ir}（$i = r, r+1, \cdots, n$）和 u_{ri}（$i = r+1, r+2, \cdots, n$）。

（2）求解 $Ly = b$，即计算

$$\begin{cases} y_1 = b_1 / l_{11} \\ y_i = (b_i - \sum_{k=1}^{i-1} l_{ik} y_k) / l_{ii}, \quad i = 2, 3, \cdots, n \end{cases} \tag{3-28}$$

（3）求解 $Ux = y$，即计算

$$\begin{cases} x_n = y_n \\ x_i = y_i - \sum_{k=i+1}^{n} u_{ik} x_k, \quad i = n-1, \cdots, 2, 1 \end{cases} \tag{3-29}$$

3.2.4 追赶法

将形如

$$A = \begin{pmatrix} a_1 & b_1 & & & \\ c_2 & a_2 & b_2 & & \\ & \ddots & \ddots & \ddots & \\ & & c_{n-1} & a_{n-1} & b_{n-1} \\ & & & c_n & a_n \end{pmatrix} \tag{3-30}$$

的矩阵称为三对角线矩阵，其特征是非零元素仅分布在对角线及与对角线相邻的次对角线位置上。在实际中，很多连续问题经过离散化后得到的线性方程组的系数矩阵就是三对角线或五对角线形式的矩阵。

三对角线矩阵的线性方程组往往阶数较高，零元素多，利用矩阵直接分解法求解十分简单、有效。可以采用克劳特分解法，分解出形如式（3-30）所示的三对角线矩阵 $A = LU$，即

$$L = \begin{pmatrix} l_1 & & & \\ a_2 & l_2 & & \\ & \ddots & \ddots & \\ & & a_n & l_n \end{pmatrix}, \quad U = \begin{pmatrix} 1 & u_1 & & \\ & 1 & \ddots & \\ & & \ddots & u_{n-1} \\ & & & 1 \end{pmatrix}$$

按 $A = LU$ 展开，可得

$$\begin{cases} b_1 = l_1 \\ c_i = l_i u_i \\ b_{i+1} = a_{i+1} u_i + l_{i+1} \end{cases}, \quad i = 2,3,\cdots,n-1$$

由此推出

$$\begin{cases} l_1 = b_1 \\ u_i = \dfrac{c_i}{l_i} \\ l_{i+1} = b_{i+1} - a_{i+1} u_i \end{cases}, \quad i = 2,3,\cdots,n \tag{3-31}$$

可依次计算

$$l_1 \to u_1 \to l_2 \to u_2 \to \cdots \to l_n$$

当 $l_i \neq 0$ 时，由式（3-31）可以唯一确定 L 和 U。

另外，还可以求出系数矩阵的行列式：

$$\det A = \det L \cdot \det U \tag{3-32}$$

下面讨论求解三对角线系数矩阵的线性方程组 $Ax = f$ 的一般方法。

将 $A = LU$ 代入 $Ax = f$ 得

$$L(Ux) = f$$

令 $y = Ux$，则上式可以写为

$$Ly = f$$

即

$$\begin{pmatrix} l_1 & & & \\ a_2 & l_2 & & \\ & \ddots & \ddots & \\ & & a_n & l_n \end{pmatrix} \begin{pmatrix} y_1 \\ y_2 \\ \vdots \\ y_n \end{pmatrix} = \begin{pmatrix} f_1 \\ f_2 \\ \vdots \\ f_n \end{pmatrix}$$

由此可得方程组

$$\begin{cases} l_1 y_1 = f_1 \\ a_i y_{i-1} + l_i y_i = f_i, \ \ i = 2, 3, \cdots, n \end{cases}$$

解得

$$\begin{cases} y_1 = \dfrac{f_1}{l_1} \\ y_i = (f_i - a_i y_{i-1}) / l_i, \ \ i = 2, 3, \cdots, n \end{cases}$$

又由 $Ux = y$ 得

$$\begin{pmatrix} 1 & u_1 & & & \\ & 1 & u_2 & & \\ & & \ddots & \ddots & \\ & & & & u_{n-1} \\ & & & & 1 \end{pmatrix} \begin{pmatrix} x_1 \\ x_2 \\ \vdots \\ x_{n-1} \\ x_n \end{pmatrix} = \begin{pmatrix} y_1 \\ y_2 \\ \vdots \\ y_{n-1} \\ y_n \end{pmatrix}$$

由此可得方程组

$$\begin{cases} x_1 + u_1 x_2 = y_1 \\ x_2 + u_2 x_3 = y_2 \\ \qquad \vdots \\ x_{n-1} + u_{n-1} x_n = y_{n-1} \\ x_n = y_n \end{cases}$$

解得

$$\begin{cases} x_n = y_n \\ x_i = y_i - u_i x_{i+1}, \ \ i = n-1, \cdots, 2, 1 \end{cases}$$

在上述过程中，消元过程和回代过程分别称为追过程与赶过程，因此这种求解方法记为追赶法。

例 3-12 用追赶法解以下三对角线方程组：

$$\begin{pmatrix} 2 & -1 & & \\ -1 & 3 & -2 & \\ & -2 & 4 & -2 \\ & & -3 & 5 \end{pmatrix} \begin{pmatrix} x_1 \\ x_2 \\ x_3 \\ x_4 \end{pmatrix} = \begin{pmatrix} 3 \\ 1 \\ 0 \\ -5 \end{pmatrix}$$

解 首先用追赶法计算公式计算得出

$$l_1 = b_1 = 2, \quad u_1 = \frac{c_1}{l_1} = -\frac{1}{2}$$

$$l_2 = b_2 - a_2 u_1 = \frac{5}{2}, \quad u_2 = \frac{c_2}{l_2} = -\frac{4}{5}$$

$$l_3 = b_3 - a_3 u_2 = \frac{12}{5}, \quad u_3 = \frac{c_3}{l_3} = -\frac{5}{6}$$

$$l_4 = b_4 - a_4 u_3 = \frac{5}{2}$$

然后可得

$$L = \begin{pmatrix} 2 & & & \\ -1 & \dfrac{5}{2} & & \\ & -2 & \dfrac{12}{5} & \\ & & -3 & \dfrac{5}{2} \end{pmatrix}, \quad U = \begin{pmatrix} 1 & -\dfrac{1}{2} & & \\ & 1 & -\dfrac{4}{5} & \\ & & 1 & -\dfrac{5}{6} \\ & & & 1 \end{pmatrix}$$

求出 y_i:

$$y_1 = \frac{f_1}{l_1} = \frac{3}{2}$$

$$y_2 = (f_2 - a_2 y_1) / l_2 = 1$$

$$y_3 = (f_3 - a_3 y_2) / l_3 = \frac{5}{6}$$

$$y_4 = (f_4 - a_4 y_3) / l_4 = -1$$

求出 x_i:

$$x_4 = y_4 = -1$$
$$x_3 = y_3 - u_3 x_4 = 0$$
$$x_2 = y_2 - u_2 x_3 = 1$$
$$x_1 = y_1 - u_1 x_2 = 2$$

3.3 迭代法

求解线性方程组的迭代法就是按照某种格式构造一个向量序列 $\{x^{(k)}\}$，使其极限向量 x^* 是方程组 $Ax=b$ 的精确解。

对于线性方程组 $Ax=b$，如果将 A 分解为 $A = M - N$，且 M 非奇异，则可将方程组写成如下等价形式：

$$Mx = Nx + b$$

若令 $B = M^{-1}N$，$f = M^{-1}b$，则上式变为

$$x = Bx + f \tag{3-33}$$

设 $x^{(0)} \in \mathbf{R}^n$ 为任一向量，则可以构成以下迭代：

$$x^{(k+1)} = Bx^{(k)} + f，\quad k = 0,1,2,\cdots \tag{3-34}$$

如果由此产生的向量序列 $\{x^{(k)}\}$ 在 $k \to \infty$ 时有极限 x^*，则称以上迭代即式（3-34）收敛。显然，x^* 是方程组的解。式（3-34）称为解方程组的逐次逼近法或简单迭代法，其中，B 称为迭代矩阵。

当取 $M = \mathrm{diag}(a_{ii})$，$a_{ii} \neq 0$，$N = \mathrm{diag}(a_{ii}) - A$ 时，$B = I - \mathrm{diag}(a_{ii}^{-1})A$，$f = \mathrm{diag}(a_{ii}^{-1})b$，这时构成的迭代称为**雅可比（Jacobi）迭代**，$I - \mathrm{diag}(a_{ii}^{-1})A$ 称为对应矩阵 A 的雅可比矩阵，雅可比迭代的分量形式为

$$x_i^{(k+1)} = \sum_{\substack{j=1 \\ j \neq i}}^{n} b_{ij}x_j^{(k)} + g_i，\quad i = 1,2,\cdots,n \tag{3-35}$$

注意到，在计算 $x_i^{(k+1)}$ 时，$x_1^{(k+1)}, x_2^{(k+1)}, \cdots, x_{i-1}^{(k+1)}$ 都已经计算完毕，因此，在右端可以用 $x_j^{(k+1)}$ 来代替 $x_j^{(k)}$，则式（3-35）可变为

$$x_i^{(k+1)} = \sum_{j=1}^{i-1} b_{ij}x_j^{(k+1)} + \sum_{j=i+1}^{n} b_{ij}x_j^{k} + g_i，\quad i = 1,2,\cdots,n \tag{3-36}$$

这种格式的迭代称为**高斯–赛德尔迭代**。若将 A 分解为 $D - L - U$，其中，D 为 A 的对角元素组成的矩阵，L 为 A 的严格下三角元素组成的下三角矩阵，U 为 A 的严格上三角元素组成的上三角矩阵，则式（3-36）又可以写为矩阵形式：

$$x^{(k+1)} = D^{-1}Lx^{(k+1)} + D^{-1}Ux^{(k)} + D^{-1}b \tag{3-37}$$

也可以写为

$$x^{(k+1)} = (D - L)^{-1}Ux^{(k)} + (D - L)^{-1}b$$

其中，$(D - L)^{-1}U$ 称为对应矩阵 A 的**高斯–赛德尔矩阵**。

例 3-13　用雅可比迭代法求解以下线性方程组：

$$\begin{cases} 10x_1 - 2x_2 - x_3 = 3 \\ -2x_1 + 10x_2 - x_3 = 15 \\ -x_1 - 2x_2 + 5x_3 = 10 \end{cases}$$

解　分别从中分离出 x_1、x_2、x_3：

$$\begin{cases} x_1 = 0.2x_2 + 0.1x_3 + 0.3 \\ x_2 = 0.2x_1 + 0.1x_3 + 1.5 \\ x_3 = 0.2x_1 + 0.4x_2 + 2 \end{cases}$$

据此可建立如下迭代公式：

$$\begin{cases} x_1^{(k+1)} = 0.2x_2^{(k)} + 0.1x_3^{(k)} + 0.3 \\ x_2^{(k+1)} = 0.2x_1^{(k)} + 0.1x_3^{(k)} + 1.5 \\ x_3^{(k+1)} = 0.2x_1^{(k)} + 0.4x_2^{(k)} + 2 \end{cases}$$

取迭代初值为 $x_1^{(0)} = x_2^{(0)} = x_3^{(0)} = 0$，表 3-1 记录了迭代结果。可以看到，当迭代次数 k 增大时，迭代初值 $x_1^{(k)}$，$x_2^{(k)}$，$x_3^{(k)}$ 会越来越逼近方程组的精确解 $x_1^* = 1$，$x_2^* = 2$，$x_3^* = 3$。

表 3-1　迭代结果

k	$x_1^{(k)}$	$x_2^{(k)}$	$x_3^{(k)}$
0	0.0000	0.0000	0.0000
1	0.3000	1.5000	2.0000
2	0.8000	1.7600	2.6600
3	0.9180	1.9260	2.8640
4	0.9176	1.9700	2.9540
5	0.9894	1.9897	2.9823
6	0.9963	1.9961	2.9938
7	0.9986	1.9986	2.9977
8	0.9995	1.9995	2.9992
9	0.9998	1.9998	2.9998

例 3-14　用高斯-赛德尔迭代法求解以下线性方程组：

$$\begin{cases} 2x_1 - x_2 - x_3 = -5 \\ x_1 + 5x_2 - x_3 = 8 \\ x_1 + x_2 + 10x_3 = 11 \end{cases}$$

解　方程的迭代公式为

$$\begin{cases} x_1^{(k+1)} = \qquad\qquad 0.5x_2^{(k)} + 0.5x_3^{(k)} - 2.5 \\ x_2^{(k+1)} = -0.2x_1^{(k+1)} \qquad\quad + 0.2x_3^{(k)} + 1.6 \\ x_3^{(k+1)} = -0.1x_1^{(k+1)} - 0.1x_2^{(k+1)} \qquad\quad + 1.1 \end{cases}$$

取迭代初值为 $\boldsymbol{x}^{(0)} = (0, 0, 0)$，有以下结果。

当 $k = 1$ 时，有

$$x_1^{(1)} = 0.5 \times 0 + 0.5 \times 0 - 2.5 = -2.5$$
$$x_2^{(1)} = -0.2 \times (-2.5) + 0.2 \times 0 + 1.6 = 2.1$$
$$x_3^{(1)} = -0.1 \times (-2.5) - 0.1 \times 2.1 + 1.1 = 1.14$$

当 $k = 2$ 时，有

$$x_1^{(2)} = 0.5 \times 2.1 + 0.5 \times 1.14 - 2.5 = -0.88$$

$$x_2^{(2)} = -0.2 \times (-0.88) + 0.2 \times 1.14 + 1.6 = 2.004$$

$$x_3^{(2)} = -0.1 \times (-0.88) - 0.1 \times 2.004 + 1.1 = 0.9876$$

计算结果如表 3-2 所示。

表 3-2 计算结果

k	$x_1^{(k)}$	$x_2^{(k)}$	$x_3^{(k)}$
0	0	0	0
1	−2.5	2.1	1.14
2	−0.88	2.004	0.9876
3	−1.0042	1.99836	1.000584
4	−1.0004	2.000197	1.000020

然而，当 $k \to \infty$ 时，$x^{(k)}$ 是否有极限是迭代法的收敛问题。

定义 3-3 矩阵 $A \in \mathbf{R}^{n \times n}$ 的所有特征值 λ_i（ $i = 1, 2, \cdots, n$ ）的模的最大值称为矩阵 A 的谱半径 $\rho(A)$，即

$$\rho(A) = \max_{1 \leqslant i \leqslant n} |\lambda_i| \tag{3-38}$$

定理 3-5 对于任意右端向量 f 和初始向量 $x^{(0)}$，逐次逼近法收敛的充要条件是 B 的谱半径 $\rho(B) < 1$，且当 $\rho(B) < 1$ 时，迭代矩阵的谱半径越小，收敛速度越快。

证 先证明必要性：假设迭代收敛，其极限记作 x^*，即

$$\lim_{m \to \infty} x^{(m)} = x^*$$

则有

$$x^* = Bx^* + f$$

于是

$$x^{(m)} - x^* = B(x^{(m-1)} - x^*) = B^m(x^{(0)} - x^*) \tag{3-39}$$

从而，对于任何 $x^{(0)}$，均有

$$\lim_{m \to \infty} B^m(x^{(0)} - x^*) = 0$$

因此必须满足 $\lim\limits_{m \to \infty} B^m = 0$，即 $\rho(B) < 1$。

接着证明充分性：假设 $\rho(B) < 1$，则矩阵 $I - B$ 非奇异，从而，方程组 $x = Bx + f$ 一定有唯一解，记为 x^*。于是式（3-39）依旧成立，此时，由 $\lim\limits_{m \to \infty} B^m = 0$ 得到 $\lim\limits_{m \to \infty} x^{(m)} = x^*$。

同时，式（3-39）还给出了 $x^{(m)}$ 的收敛程度估计：

$$\|x^{(m)} - x^*\| \leqslant \|B\|^m \|x^{(0)} - x^*\|$$

推论 3-1 雅可比迭代法收敛的充要条件为 $\rho(B_J) < 1$，其中，$B_J = D^{-1}(L + U)$。

推论 3-2 高斯-赛德尔迭代法收敛的充要条件为 $\rho(B_G) < 1$，其中，$B_G = (D - L)^{-1}U$。

例 3-15 考察用雅可比迭代法和高斯-赛德尔迭代法解方程组 $Ax = b$ 的收敛性，其中

$$A = \begin{pmatrix} 1 & 2 & -2 \\ 1 & 1 & 1 \\ 2 & 2 & 1 \end{pmatrix}, \quad b = \begin{pmatrix} 1 \\ 1 \\ 1 \end{pmatrix}$$

解 雅可比矩阵为

$$J = I - D^{-1}A = \begin{pmatrix} 0 & -2 & 2 \\ -1 & 0 & -1 \\ -2 & -2 & 0 \end{pmatrix}$$

其中，$D = \text{diag}(1,1,1)$。由此可得

$$\det(\lambda I - J) = \begin{vmatrix} \lambda & 2 & -2 \\ 1 & \lambda & 1 \\ 2 & 2 & \lambda \end{vmatrix} = \lambda^3 = 0$$

其特征值 $\lambda_1 = \lambda_2 = \lambda_3 = 0$，谱半径 $\rho(J) = 0 < 1$，因此雅可比迭代收敛。

系数矩阵

$$A = \begin{pmatrix} 1 & 2 & -2 \\ 1 & 1 & 1 \\ 2 & 2 & 1 \end{pmatrix} = D - L - U$$

其中，$D = \text{diag}(1,1,1)$，

$$-L = \begin{pmatrix} 0 & 0 & 0 \\ 1 & 0 & 0 \\ 2 & 2 & 0 \end{pmatrix}, \quad -U = \begin{pmatrix} 0 & 2 & -2 \\ 0 & 0 & 1 \\ 0 & 0 & 0 \end{pmatrix}$$

因此高斯-赛德尔矩阵为

$$G = (D - L)^{-1}U = \left(\begin{pmatrix} 1 & & \\ & 1 & \\ & & 1 \end{pmatrix} + \begin{pmatrix} 0 & & \\ 1 & 0 & \\ 2 & 2 & 0 \end{pmatrix} \right)^{-1} \begin{pmatrix} 0 & -2 & 2 \\ 0 & 0 & -1 \\ 0 & 0 & 0 \end{pmatrix} = \begin{pmatrix} 0 & -2 & 2 \\ 0 & 2 & -3 \\ 0 & 0 & 2 \end{pmatrix}$$

$$\det(\lambda I - G) = \begin{vmatrix} \lambda & 2 & -2 \\ 0 & \lambda - 2 & -3 \\ 0 & 0 & \lambda - 2 \end{vmatrix} = \lambda(\lambda - 2)^2 = 0$$

其特征值 $\lambda_1 = 0$，$\lambda_{2,3} = 2$，谱半径 $\rho(G) = 2 > 1$，因此高斯-赛德尔迭代发散。

定理 3-6 如果 $\|B\| < 1$，那么逐次逼近法收敛。

由于

$$\|\boldsymbol{B}\|_1 = \max_j \sum_{i=1}^n |b_{ij}|$$

$$\|\boldsymbol{B}\|_\infty = \max_i \sum_{j=1}^n |b_{ij}|$$

$$\|\boldsymbol{B}\|_E = \left(\sum_{i,j=1}^n |b_{ij}|^2 \right)^{\frac{1}{2}}$$

都可以很方便地用矩阵 $\boldsymbol{B}$ 的元素来表示，因此用它们作为收敛的充分条件的判别标准十分方便。

定理 3-7 若 $\|\boldsymbol{B}\| < 1$，则对于逐次逼近法有以下结论：

$$\|\boldsymbol{x}^{(m)} - \boldsymbol{x}^*\| \leqslant \frac{\|\boldsymbol{B}\|^m}{1 - \|\boldsymbol{B}\|} \|\boldsymbol{x}^{(1)} - \boldsymbol{x}^{(0)}\| \tag{3-40}$$

$$\|\boldsymbol{x}^{(m)} - \boldsymbol{x}^*\| \leqslant \frac{\|\boldsymbol{B}\|}{1 - \|\boldsymbol{B}\|} \|\boldsymbol{x}^{(m)} - \boldsymbol{x}^{(m-1)}\| \tag{3-41}$$

其中，$\boldsymbol{x}^*$ 是方程组 $\boldsymbol{x} = \boldsymbol{B}\boldsymbol{x} + \boldsymbol{f}$ 的精确解。

根据式（3-40），$\|\boldsymbol{B}\|$ 越小，$\boldsymbol{x}^{(m)}$ 的收敛速度越快，并且这个式子也可以作为误差估计式。另外，初始向量 $\boldsymbol{x}^{(0)}$ 对收敛速度也有一定的影响，若 $\boldsymbol{x}^{(1)} - \boldsymbol{x}^{(0)} = \boldsymbol{f} - (\boldsymbol{I} - \boldsymbol{B})\boldsymbol{x}^{(0)}$ 的范数越小，即 $\boldsymbol{x}^{(0)}$ 越接近方程组 $\boldsymbol{x} = \boldsymbol{B}\boldsymbol{x} + \boldsymbol{f}$ 的精确解 $\boldsymbol{x}^*$，则 $\boldsymbol{x}^{(m)}$ 与 $\boldsymbol{x}^*$ 的接近程度越好。

式（3-41）说明，只要 $\|\boldsymbol{B}\|$ 不是很接近 1，若相邻两次的迭代向量 $\boldsymbol{x}^{(m)}$ 和 $\boldsymbol{x}^{(m-1)}$ 很接近，则 $\boldsymbol{x}^{(m)}$ 与 $\boldsymbol{x}^*$ 也很接近。因此可以用 $\|\boldsymbol{x}^{(m)} - \boldsymbol{x}^{(m-1)}\|$ 是否已经足够小来判断迭代是否终止。

定理 3-8 若 $\boldsymbol{A}$ 为严格对角占优矩阵，则 $\boldsymbol{A}\boldsymbol{x} = \boldsymbol{b}$ 的雅可比迭代和高斯–赛德尔迭代都是收敛的。

定理 3-9 若 $\boldsymbol{A}$ 为不可约对角占优矩阵，则 $\boldsymbol{A}\boldsymbol{x} = \boldsymbol{b}$ 的雅可比迭代和高斯–赛德尔迭代都是收敛的。

定理 3-10 若 $\boldsymbol{A}$ 为对称正定矩阵，则 $\boldsymbol{A}\boldsymbol{x} = \boldsymbol{b}$ 的高斯–赛德尔迭代收敛。

定理 3-11 若 $\|\boldsymbol{B}_J\|_\infty = \max_i \sum_{j=1}^n |b_{ij}| < 1$，则高斯–赛德尔迭代收敛。

定理 3-12 若 $\|\boldsymbol{B}_J\|_1 = \max_j \sum_{i=1}^n |b_{ij}| < 1$，则高斯–赛德尔迭代收敛。

3.4 工程案例分析

例 3-16 表 3-3 给出了某食谱中的 3 种食物及其含有的营养（100g 中的含量）。

表 3-3　例 3-16 表

营养	每 100g 食物所含营养量/g			每日所需营养量/g
	脱脂牛奶	大豆面粉	乳清	
蛋白质	36	51	13	33
碳水化合物	52	34	74	45
脂肪	0	7	1.1	3

如果用这 3 种食物作为每天的主要食物，那么它们的用量应各取多少才能准确实现该营养要求？

解　（1）问题分析。

以 100g 为 1 个单位，为了保证每日所需营养量，设每日需要食用的脱脂牛奶为 x_1 个单位，大豆面粉为 x_2 个单位，乳清为 x_3 个单位，则由所给条件可得

$$\begin{cases} 36x_1 + 51x_2 + 13x_3 = 33 \\ 52x_1 + 34x_2 + 74x_3 = 45 \\ 7x_2 + 1.1x_3 = 3 \end{cases}$$

① 若采用列选主元法求解，则可得对应的增广矩阵为

$$\begin{pmatrix} 36 & 51 & 13 & \vline & 33 \\ 52 & 34 & 74 & \vline & 45 \\ 0 & 7 & 1.1 & \vline & 3 \end{pmatrix}$$

对该矩阵进行选主元、消元等操作，解得 $x_1 = 0.2772$，$x_2 = 0.3919$，$x_3 = 0.2332$。

② 若采用矩阵三角分解法求解，则有

$$\begin{pmatrix} 36 & 51 & 13 \\ 52 & 34 & 74 \\ 0 & 7 & 1.1 \end{pmatrix} \begin{pmatrix} x_1 \\ x_2 \\ x_3 \end{pmatrix} = \begin{pmatrix} 33 \\ 45 \\ 3 \end{pmatrix}$$

需要先对系数矩阵进行 LU 分解，可得

$$\boldsymbol{U} = \begin{pmatrix} 36.0000 & 51.0000 & 13.0000 \\ 0 & -39.6667 & 55.2222 \\ 0 & 0 & 10.8451 \end{pmatrix}, \quad \boldsymbol{L} = \begin{pmatrix} 1 & 0 & 0 \\ 1.4444 & 1 & 0 \\ 0 & -0.1765 & 1 \end{pmatrix}$$

再根据 $\boldsymbol{Ly} = \boldsymbol{b}$，可得

$$\begin{pmatrix} 1 & 0 & 0 \\ 1.4444 & 1 & 0 \\ 0 & -0.1765 & 1 \end{pmatrix} \begin{pmatrix} y_1 \\ y_2 \\ y_3 \end{pmatrix} = \begin{pmatrix} 33 \\ 45 \\ 3 \end{pmatrix}$$

最后根据 $\boldsymbol{Ux} = \boldsymbol{y}$，可得

$$\begin{pmatrix} 36.0000 & 51.0000 & 13.0000 \\ 0 & -39.6667 & 55.2222 \\ 0 & 0 & 10.8451 \end{pmatrix} \begin{pmatrix} x_1 \\ x_2 \\ x_3 \end{pmatrix} = \begin{pmatrix} 33 \\ -2.6667 \\ 2.5294 \end{pmatrix}$$

解得 $x_1 \approx 0.2772$，$x_2 \approx 0.3919$，$x_3 \approx 0.2332$，即每日需要食用脱脂牛奶 27.72g，大豆面粉 39.19g，乳清 23.32g。

（2）代码实现。

① 列选主元法：

```
#include "stdio.h"
#include "math.h"
#define n 3
void main()
{
    int i,j,k;
    int mi;
    float mv,tmp;
    float a[n][n]= {{36,51,13},{52,34,74},{0,7,1.1}};
    float b[n]= {33,45,3},x[n];

    for(k=0; k<n-1; k++)
    {
        mi=k;
        mv=fabs(a[k][k]);
        for(i=k+1; i<n; i++)
            if(fabs(a[i][k])>mv)
            {
                mi=i;
                mv=fabs(a[i][k]);
            }
        if(mi>k)
        {
            tmp=b[k];
            b[k]=b[mi];
            b[mi]=tmp;
            for(j=k; j<n; j++)
            {
                tmp=a[k][j];
                a[k][j]=a[mi][j];
                a[mi][j]=tmp;
            }
        }
        for(i=k+1; i<n; i++)
        {
            tmp=a[i][k]/a[k][k];
```

```
            b[i]=b[i]-b[k]*tmp;
            for(j=k+1; j<n; j++)
                a[i][j]=a[i][j]-a[k][j]*tmp;
        }
    }
    x[n-1]=b[n-1]/a[n-1][n-1];
    for(i=n-2; i>=0; i--)
    {
        x[i]=b[i];
        for(j=i+1; j<n; j++)
            x[i]=x[i]-a[i][j]*x[j];
        x[i]=x[i]/a[i][i];
    }
    printf("\nThe result is:");
    for(i=0; i<n; i++)
        printf("\nx%d=%4.4f",i,x[i]);
}
```

运行结果为：

```
The result is:
x0 = 0.2772
x1 = 0.3919
x2 = 0.2332
```

② 矩阵三角分解法：

```
#include "stdio.h"
#include "math.h"
#define n 3
void main()
{
    int i,j,k,r;
    float s;
    static float a[n][n]= {{36,51,13},{52,34,74},{0,7,1.1}};
    static float b[n]= {33,45,3},x[n],y[n];
    static float l[n][n],u[n][n];
    for(i=0; i<n; i++)
        l[i][i]=1;
    for(k=0; k<n; k++)
    {
        for(j=k; j<n; j++)
        {
            s=0;
            for(r=0; r<k; r++)
                s=s+l[k][r]*u[r][j];
            u[k][j]=a[k][j]-s;
```

```
        }
        for(i=k+1; i<n; i++)
        {
            s=0;
            for(r=0; r<k; r++)
                s=s+l[i][r]*u[r][k];
            l[i][k]=(a[i][k]-s)/u[k][k];
        }
    }
    for(i=0; i<n; i++)
    {
        s=0;
        for(j=0; j<i; j++)
            s=s+l[i][j]*y[j];
        y[i]=b[i]-s;
    }
    for(i=n-1; i>=0; i--)
    {
        s=0;
        for(j=n-1; j>=i+1; j--)
            s=s+u[i][j]*x[j];
        x[i]=(y[i]-s)/u[i][i];
    }
    printf("The result is:");
    for(i=0; i<n; i++)
    {
        printf("\nx[%d]=%5.4f",i,x[i]);
    }
}
```

运行结果为：

```
The result is:
x[0] = 0.2772
x[1] = 0.3919
x[2] = 0.2332
```

例 3-17　假设某公司有 3 个部门，分别是销售部、研发部和财务部。现在需要对这 3 个部门的收入进行预测，并且已知每个部门的收入与其他两个部门的收入之间存在线性关系，可以用以下方程组表示：

$$\begin{cases} x_1 - 0.2x_2 - 0.2x_3 = 10 \\ -0.2x_1 + x_2 - 0.1x_3 = 5 \\ -0.1x_1 - 0.2x_2 + 0.3x_3 = 10 \end{cases}$$

其中，x_1、x_2 和 x_3 分别表示销售部、研发部与财务部的收入。求销售部、研发部和财务部的收入分别是多少（单位：万元）。

解　（1）问题分析。

① 若采用雅可比迭代法求解，则方程组可转化为

$$\begin{cases} x_1 = 0.2x_2 + 0.2x_3 + 10 \\ x_2 = 0.2x_1 + 0.1x_3 + 5 \\ x_3 = \dfrac{1}{3}x_1 + \dfrac{2}{3}x_2 + \dfrac{100}{3} \end{cases}$$

据此可建立如下迭代公式：

$$\begin{cases} x_1^{(k+1)} = 0.2x_2^{(k)} + 0.2x_3^{(k)} + 10 \\ x_2^{(k+1)} = 0.2x_1^{(k)} + 0.1x_3^{(k)} + 5 \\ x_3^{(k+1)} = \dfrac{1}{3}x_1^{(k)} + \dfrac{2}{3}x_2^{(k)} + \dfrac{100}{3} \end{cases}$$

取迭代初值为 $x_1^{(0)} = x_2^{(0)} = x_3^{(0)} = 0$，进行迭代计算，最终求得方程组的解 $x_1^* = 23.1$，$x_2^* = 14.7$，$x_3^* = 50.8$。

② 若采用高斯–赛德尔迭代法求解，则可建立如下迭代公式：

$$\begin{cases} x_1^{(k+1)} = 0.2x_2^{(k)} + 0.2x_3^{(k)} + 10 \\ x_2^{(k+1)} = 0.2x_1^{(k+1)} + 0.1x_3^{(k)} + 5 \\ x_3^{(k+1)} = \dfrac{1}{3}x_1^{(k+1)} + \dfrac{2}{3}x_2^{(k+1)} + \dfrac{100}{3} \end{cases}$$

取迭代初值为 $x_1^{(0)} = x_2^{(0)} = x_3^{(0)} = 0$，进行迭代计算，最终求得方程组的解 $x_1^* = 23.1$，$x_2^* = 14.7$，$x_3^* = 50.8$。

（2）代码实现。

① 雅可比迭代法：

```c
#include "stdio.h"
#include "math.h"
#define MAX 100
#define n 3
#define exp 0.005
int main()
{
    int i,j,k,m;
    float temp,s;
    float static a[n][n]={{1,-0.2,-0.2},{-0.2,1,-0.1},{-0.1,-0.2,0.3}};
    float static b[n]= {10,5,10};
    float static x[n],B[n][n],g[n],y[n]= {0,0,0};
    for(i=0; i<n; i++)
        for(j=0; j<n; j++)
```

```
            {
                B[i][j]=-a[i][j]/a[i][i];
                g[i]=b[i]/a[i][i];
            }
        for(i=0; i<n; i++)
            B[i][i]=0;
        m=0;
        do
        {
            for(i=0; i<n; i++)
                x[i]=y[i];
            for(i=0; i<n; i++)
            {
                y[i]=g[i];
                for(j=0; j<n; j++)
                    y[i]=y[i]+B[i][j]*x[j];
            }
            m++;
            printf("\n%dth result is:",m);
            printf("\nx0=%7.5f,x1=%7.4f,x2=%7.4f",y[0],y[1],y[2]);
            temp=0;
            for(i=0; i<n; i++)
            {
                s=fabs(y[i]-x[i]);
                if(temp<s) temp=s;
            }
        }
        while(temp>=exp);
        printf("\n\nThe last result is:");
        for(i=0; i<n; i++)
            printf("\nx[%d]=%7.4f",i,y[i]);
}
```

运行结果为：

```
    1th result is:
    x0 = 10.00000,x1 = 5.0000,x2 = 33.3333
    2th result is:
    x0 = 17.66667,x1 = 10.3333,x2 = 40.0000
    3th result is:
    x0 = 20.06667,x1 = 12.5333,x2 = 46.1111
    4th result is:
    x0 = 21.72889,x1 = 13.6244,x2 = 48.3778
    5th result is:
    x0 = 22.40044,x1 = 14.1836,x2 = 49.6593
    6th result is:
    x0 = 22.76856,x1 = 14.4460,x2 = 50.2559
```

```
7th result is:
x0 = 22.94037,x1 = 14.5793,x2 = 50.5535
8th result is:
x0 = 23.02657,x1 = 14.6434,x2 = 50.6997
9th result is:
x0 = 23.06861,x1 = 14.6753,x2 = 50.7711
10th result is:
x0 = 23.08928,x1 = 14.6908,x2 = 50.8064
11th result is:
x0 = 23.09945,x1 = 14.6985,x2 = 50.8237
12th result is:
x0 = 23.10443,x1 = 14.7023,x2 = 50.8321
13th result is:
x0 = 23.10688,x1 = 14.7041,x2 = 50.8363
The last result is:
x[0] = 23.1069
x[1] = 14.7041
x[2] = 50.8363
```

② 高斯-赛德尔迭代法：

```c
#include "stdio.h"
#include "math.h"
#define MAX 100
#define n 3
#define exp 0.005
int main()
{
    int i,j,k,m;
    float temp,s;
    float static a[n][n]={{1,-0.2,-0.2},{-0.2,1,-0.1},{-0.1,-0.2,0.3}};
    float static b[n]= {10,5,10};
    float static x[n]= {0,0,0},B[n][n],g[n];
    for(i=0; i<n; i++)
        for(j=0; j<n; j++)
        {
            B[i][j]=-a[i][j]/a[i][i];
            g[i]=b[i]/a[i][i];
        }
    for(i=0; i<n; i++)
        B[i][i]=0;
    m=0;
    do
    {
        temp=0;
        for(i=0; i<n; i++)
```

```
        {
            s=x[i];
            x[i]=g[i];
            for(j=0; j<n; j++)
                x[i]=x[i]+B[i][j]*x[j];
            if (fabs(x[i]-s)>temp)
                temp=fabs(x[i]-s);
        }
        m++;
        printf("\n%dth result is:",m);
        printf("\nx0=%7.5f,x1=%7.5f,x2=%7.5f",x[0],x[1],x[2]);
    }
    while(temp>=exp);
    printf("\n\nThe last result is:");
    for(i=0; i<n; i++)
        printf("\nx[%d]=%7.4f",i,x[i]);
}
```

运行结果为:

```
1th result is:
x0 = 10.00000,x1 = 7.00000,x2 = 41.33333
2th result is:
x0 = 19.66667,x1 = 13.06667,x2 = 48.59999
3th result is:
x0 = 22.33333,x1 = 14.32667,x2 = 50.32888
4th result is:
x0 = 22.93111,x1 = 14.61911,x2 = 50.72311
5th result is:
x0 = 23.06844,x1 = 14.68600,x2 = 50.81348
6th result is:
x0 = 23.09990,x1 = 14.70133,x2 = 50.83418
7th result is:
x0 = 23.10710,x1 = 14.70484,x2 = 50.83892
8th result is:
x0 = 23.10875,x1 = 14.70564,x2 = 50.84001
The last result is:
x[0]=23.1088
x[1]=14.7056
x[2]=50.8400
```

扩展阅读：数学家高斯

高斯是一位杰出的数学家，被誉为现代数学之父。他的生平充满了引人入胜的故事。高斯于 1777 年出生在德国的不伦瑞克，他的数学天赋在童年就表现出来，他在上小学时，当老师要求学生计算 1 到 100 的和时，高斯通过快捷的方法立刻就得出了正确答案 5050。

19 世纪初，高斯在代数领域做出了重要贡献，发表了著名的高斯定理，该定理规定了多边形内部的顶点数、边数和面数之间的关系，为数学家提供了研究拓扑学的重要工具。高斯还对统计学和概率论做出了杰出贡献。他提出了高斯分布，也被称为正态分布，在统计学和自然科学中具有广泛应用。高斯分布是很多自然现象的描述，如测量误差、气温变化和金融市场波动。高斯对数论领域的贡献也非常重要，他提出了数学基本定理的一个重要特例——费马大定理的一个证明，这个问题一直是困扰数学家的难题，直到后来，数学家才找到更一般的解决方法。在地理学领域，高斯提出了用于测量地球表面曲率的方法，被称为高斯曲率。该方法对于地图制图和导航等应用非常重要。

高斯去世后，他的"数学遗产"继续影响着数学的发展。他的研究成果广泛应用于科学与工程领域，为后来的数学家提供了坚实的基础知识。

思考题

1．用顺序高斯消去法解下列方程组。

（1）$\begin{cases} x_1 + \dfrac{1}{2}x_2 + \dfrac{1}{3}x_3 = 1 \\ \dfrac{1}{2}x_1 + \dfrac{1}{3}x_2 + \dfrac{1}{4}x_3 = 0 \\ \dfrac{1}{3}x_1 + \dfrac{1}{4}x_2 + \dfrac{1}{5}x_3 = 0 \end{cases}$

（2）$\begin{pmatrix} 3 & 2 & -7 \\ 8 & 2 & -3 \\ 4 & 6 & -1 \end{pmatrix} \begin{pmatrix} x_1 \\ x_2 \\ x_3 \end{pmatrix} = \begin{pmatrix} -4 \\ -5 \\ 13 \end{pmatrix}$

2．用列选主元法解下列方程组并求系数矩阵的行列式。

（1）$\begin{cases} 2x_1 - x_2 - x_3 = 4 \\ 3x_1 + 4x_2 - 3x_3 = 10 \\ 3x_1 - 2x_2 + 4x_3 = 11 \end{cases}$

（2）$\begin{pmatrix} 12 & -3 & 3 & 4 \\ -18 & 3 & -1 & -1 \\ 1 & 1 & 1 & 1 \\ 3 & 1 & -1 & 1 \end{pmatrix} \begin{pmatrix} x_1 \\ x_2 \\ x_3 \\ x_4 \end{pmatrix} = \begin{pmatrix} 5 \\ -15 \\ 6 \\ 2 \end{pmatrix}$

3．分别用顺序高斯消去法和列选主元法求矩阵 A 的行列式 $\det A$：

$$A = \begin{pmatrix} 10^{-8} & 2 & 3 \\ -1 & 3.712 & 4.623 \\ -2 & 1.072 & 5.643 \end{pmatrix}$$

4．用高斯-若尔当消去法求下列矩阵的逆矩阵：

$$A = \begin{pmatrix} 1 & 1 & -1 \\ 2 & 1 & 0 \\ 1 & -1 & 0 \end{pmatrix}$$

5．用矩阵的直接三角分解法求解下列方程组：

$$\begin{pmatrix} 2 & 1 & 2 \\ 4 & 3 & 1 \\ 6 & 1 & 5 \end{pmatrix} \begin{pmatrix} x_1 \\ x_2 \\ x_3 \end{pmatrix} = \begin{pmatrix} 6 \\ 11 \\ 13 \end{pmatrix}$$

6．给定如下线性方程组：

$$\begin{pmatrix} 1 & 2 & 3 & 4 \\ 1 & 1 & -1 & 1 \\ 1 & -1 & 1 & 1 \\ 1 & 1 & 1 & -1 \end{pmatrix} \begin{pmatrix} x_1 \\ x_2 \\ x_3 \\ x_4 \end{pmatrix} = \begin{pmatrix} 10 \\ 3 \\ 5 \\ 7 \end{pmatrix}$$

试利用分解法将系数矩阵 A 分解为 $A = LU$（其中，L 为下三角矩阵，U 为上三角矩阵）后求解。

7．用直接三角分解法求解下列方程组并计算其系数矩阵的行列式：

$$\begin{pmatrix} 2 & 2 & 3 \\ 4 & 7 & 7 \\ -2 & 4 & 5 \end{pmatrix} \begin{pmatrix} x_1 \\ x_2 \\ x_3 \end{pmatrix} = \begin{pmatrix} 3 \\ 1 \\ -7 \end{pmatrix}$$

8．用杜利特尔分解法求解下列线性方程组：

$$\begin{pmatrix} 1 & -1 & 1 \\ 4 & 2 & 1 \\ 25 & 5 & 1 \end{pmatrix} \begin{pmatrix} x_1 \\ x_2 \\ x_3 \end{pmatrix} = \begin{pmatrix} 0 \\ 3 \\ 60 \end{pmatrix}$$

9．用克劳特分解法求解下列方程组：

$$\begin{cases} 6x_1 + 2x_2 + x_3 - x_4 = 6 \\ 2x_1 + 4x_2 + x_3 = -1 \\ x_1 + 2x_2 + 4x_3 - x_4 = 5 \\ -x_1 - x_3 + 3x_4 = -5 \end{cases}$$

10．用追赶法求解下面的三角方程组：

$$\begin{pmatrix} 6 & 1 & 0 \\ 1 & 4 & 1 \\ 0 & 1 & 14 \end{pmatrix} \begin{pmatrix} x_1 \\ x_2 \\ x_3 \end{pmatrix} = \begin{pmatrix} 6 \\ 24 \\ 322 \end{pmatrix}$$

11．用追赶法求解下列方程组：

$$\begin{pmatrix} 2 & -1 & 0 \\ -1 & 2 & -1 \\ 0 & -1 & 2 \end{pmatrix} \begin{pmatrix} x_1 \\ x_2 \\ x_3 \end{pmatrix} = \begin{pmatrix} 0 \\ 1 \\ 0 \end{pmatrix}$$

12．用高斯-赛德尔迭代法求解下面的方程组：

$$\begin{cases} 10x_1 - 2x_2 - 2x_3 = 1 \\ -2x_1 + 10x_2 - x_3 = 0.5 \\ -x_1 - 2x_2 + 3x_3 = 1 \end{cases}$$

13．用雅可比迭代法求解下面的方程组，取初始向量 $\boldsymbol{x}^{(0)} = (0,0,0)^{\mathrm{T}}$：

$$\begin{cases} x_1 + 2x_2 - 2x_3 = 1 \\ x_1 + x_2 + x_3 = 3 \\ 2x_1 + 2x_2 + 3x_3 = 5 \end{cases}$$

14．分别用雅可比迭代法和高斯-赛德尔迭代法求解下面的方程组：

$$\begin{pmatrix} 10 & -1 & 2 & 0 \\ -1 & 11 & -1 & 3 \\ 2 & -1 & 10 & -1 \\ 0 & 3 & -1 & 8 \end{pmatrix} \begin{pmatrix} x_1 \\ x_2 \\ x_3 \\ x_4 \end{pmatrix} = \begin{pmatrix} 6 \\ 25 \\ -11 \\ 15 \end{pmatrix}$$

15．证明以下给定线性方程组的雅可比迭代发散，而高斯-赛德尔迭代收敛：

$$\begin{pmatrix} 1 & \dfrac{1}{2} & \dfrac{1}{2} \\ \dfrac{1}{2} & 1 & \dfrac{1}{2} \\ \dfrac{1}{2} & \dfrac{1}{2} & 1 \end{pmatrix} \begin{pmatrix} x_1 \\ x_2 \\ x_3 \end{pmatrix} = \begin{pmatrix} 1 \\ 2 \\ 3 \end{pmatrix}$$

16．证明以下给定线性方程组的高斯-赛德尔迭代发散，而雅可比迭代收敛：

$$\begin{pmatrix} 1 & 0 & 1 \\ -1 & 1 & 0 \\ 1 & 2 & -3 \end{pmatrix} \begin{pmatrix} x_1 \\ x_2 \\ x_3 \end{pmatrix} = \begin{pmatrix} b_1 \\ b_2 \\ b_3 \end{pmatrix}$$

17．给定线性方程组 $\begin{pmatrix} 2 & -1 & 1 \\ 1 & 1 & 1 \\ 1 & 1 & -2 \end{pmatrix} \begin{pmatrix} x_1 \\ x_2 \\ x_3 \end{pmatrix} = \begin{pmatrix} 1 \\ 1 \\ 1 \end{pmatrix}$，试判别用雅可比迭代法和高斯-赛德尔迭代法求解的收敛性。

18．设线性方程组 $\begin{pmatrix} a_{11} & a_{12} \\ a_{13} & a_{14} \end{pmatrix} \begin{pmatrix} x_1 \\ x_2 \end{pmatrix} = \begin{pmatrix} b_1 \\ b_2 \end{pmatrix}$，$a_{11}a_{22} \neq 0$，$a_{11}a_{22} - a_{21}a_{12} \neq 0$。证明：解线性方程组的雅可比迭代法和高斯-赛德尔迭代法同时收敛或发散。

19．对于 $\begin{pmatrix} 3 & 1 \\ 2 & 1 \end{pmatrix} \begin{pmatrix} x_1 \\ x_2 \end{pmatrix} = \begin{pmatrix} 3 \\ -1 \end{pmatrix}$，若用迭代公式 $\boldsymbol{x}^{(k+1)} = \boldsymbol{x}^{(k)} + \alpha(\boldsymbol{A}\boldsymbol{x}^{(k)} - \boldsymbol{b})$，$k = 0,1,2,3,\cdots$，则取什么实数范围内的 α 可使迭代收敛？

20．对下列线性方程组建立收敛的迭代公式：

$$\begin{cases} 11x_1 - 3x_2 - 2x_3 = 3 & ① \\ -23x_1 + 11x_2 + 11x_3 = 1 & ② \\ x_1 - 2x_2 + 2x_3 = 1 & ③ \end{cases}$$

21．线性方程组 $\boldsymbol{Ax} = \boldsymbol{b}$，其中，$\boldsymbol{A} = \begin{pmatrix} 1 & -\dfrac{1}{3} & 0 \\[2mm] -\dfrac{1}{3} & 1 & -\dfrac{1}{3} \\[2mm] 0 & -\dfrac{1}{3} & 1 \end{pmatrix}$，$\boldsymbol{x}, \boldsymbol{b} \in \mathbf{R}$。

（1）分别求出雅可比迭代法和高斯−赛德尔迭代法的计算公式（分量形式）。

（2）分别求出雅可比迭代法的迭代矩阵和高斯−赛德尔迭代法的迭代矩阵的谱半径，并用它们判别这两种迭代法的收敛性。

第 4 章
插 值 法

在科学研究和实际工业生产活动中，有一部分函数是通过观测或实验得到的，虽然其函数关系 $y = f(x)$ 在某个区间 $[a,b]$ 上是存在的，但不知道其具体的解析表达式，只能通过观测、实验或其他方法来确定自变量与函数值的对应关系。另外，一些函数虽然有明确的解析表达式，但解析表达式过于复杂，导致不便对其进行理论分析和数值计算。因此，希望用一个简单的既能反映变量关系（函数特性），又便于数值计算的简单函数来近似代替原来的函数，这样就可以使问题得到解决。用简单函数近似代替不便处理和计算的函数就是本章要讨论的插值法。

4.1 代数插值

插值法的主要思想就是构造一个简单易求的函数（近似函数），如果该函数与实际函数在某个区间内足够接近，那么在这一区间内就可以用该近似函数代替实际函数进行分析与计算，即对满足自变量和因变量关系的离散数据建立简单的数学模型，要求近似函数取给定的离散数据，这种处理方法称为插值法。

已知函数 $y = f(x)$ 在区间 $[a,b]$ 上有 $n+1$ 个不同点 $a \leqslant x_0 < x_1 < \cdots < x_n \leqslant b$，并有函数值

$$y_i = f(x_i), \quad i = 0,1,\cdots,n \tag{4-1}$$

或函数对应关系

x	x_0	x_1	$\cdots$	x_n
y	y_0	y_1	$\cdots$	y_n

若存在一个函数 $\varphi(x)$，如图 4.1 所示，满足

$$\varphi(x_i) = y_i, \quad i = 0,1,\cdots,n \tag{4-2}$$

则将 $\varphi(x)$ 称为 $f(x)$ 的插值函数，点 $x_0,x_1,\cdots,x_n$ 称为插值节点，包含插值节点的区间 $[a,b]$

称为插值区间，求插值函数 $\varphi(x)$ 的方法称为插值法。

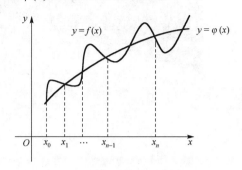

图 4-1 插值函数的几何描述

插值法的几何意义就是在仅知道函数曲线上若干点的情况下，用一条曲线经过这些已知点，尽可能使这条曲线接近实际函数曲线，并把这条曲线近似地认为是实际函数曲线。当函数 $y = f(x)$ 在某个区间 $[a,b]$ 上存在且连续，但不知道其解析表达式时，只给出 $[a,b]$ 上离散点 x_i 的函数值 $y_i = f(x_i)$，便可以通过插值法计算 $y = f(x)$ 在区间 $[a,b]$ 上的其他点的函数值。所谓插值，就是根据已知点的函数值求其余点的函数值。

由于插值函数 $\varphi(x)$ 的选择不同，因此会产生不同类型的插值。若 $\varphi(x)$ 为代数多项式 $P(x)$，则称为代数多项式插值，简称代数插值；若 $\varphi(x)$ 为三角多项式，则称为三角多项式插值；若 $\varphi(x)$ 为有理函数，则称为有理函数插值，等等。寻求满足条件的插值函数 $\varphi(x)$ 的方法很多，不同的插值函数 $\varphi(x)$ 逼近 $f(x)$ 的效果不同。

寻求插值函数，首先想到的是多项式函数，这是因为多项式函数不仅表达式简单，还有很多很好的特性，如连续光滑、可微可积。另外，由 Weierstrass 定理可知，任意连续函数都可以用代数多项式做任意精度的逼近，同时，代数插值还是其他各类插值的基础。下面主要介绍代数多项式插值。

若 $P(x)$ 是次数不超过 n 的多项式，即

$$P_n(x) = a_0 + a_1 x + a_2 x^2 + \cdots + a_n x^n \tag{4-3}$$

其中，a_i 是实数。令 $P(x_i) = y_i$，$i = 0,1,\cdots,n$，即 n 次代数插值满足在 $n+1$ 个插值节点上，插值多项式 $P(x)$ 和被插值函数 $y = f(x)$ 相等，$P(x)$ 称为插值多项式，相应的插值方法称为多项式插值，简称代数插值；若 $P(x)$ 为分段多项式，则称相应的插值方法为分段插值；若 $P(x)$ 为三角多项式，则称相应的插值方法为三角插值。

定理 4-1（插值多项式存在唯一性） 设插值节点 $x_0, x_1, \cdots, x_n$ 互异，则满足插值条件 $P(x_i) = y_i$，$i = 0,1,\cdots,n$ 的次数不超过 n 的多项式 $P(x) = a_0 + a_1 x + a_2 x^2 + \cdots + a_n x^n$ 存在且唯一。

证 由插值条件和多项式可得

$$\begin{cases} a_n x_0^n + a_{n-1} x_0^{n-1} + \cdots + a_1 x_0 + a_0 = y_0 \\ a_n x_1^n + a_{n-1} x_1^{n-1} + \cdots + a_1 x_1 + a_0 = y_1 \\ \vdots \\ a_n x_n^n + a_{n-1} x_n^{n-1} + \cdots + a_1 x_n + a_0 = y_n \end{cases} \tag{4-4}$$

这是一个关于 $a_n, a_{n-1}, \cdots, a_1, a_0$ 的 $n+1$ 元线性方程组，其系数矩阵的行列式是范德蒙德行列式：

$$\begin{vmatrix} x_0^n & x_0^{n-1} & \cdots & x_0 & 1 \\ x_1^n & x_1^{n-1} & \cdots & x_1 & 1 \\ \vdots & \vdots & & \vdots & \vdots \\ x_n^n & x_n^{n-1} & \cdots & x_n & 1 \end{vmatrix} = \prod_{i=1}^{n} \prod_{j=0}^{i-1} (x_i - x_j) \neq 0 \tag{4-5}$$

因此方程组有唯一解，唯一性得证。

唯一性说明无论用哪种方法构造插值多项式，只要满足同样的插值条件，结果都是互相恒等的。由此有如下推论。

推论 4-1　对于次数不超过 n 的多项式 $f(x)$，其 n 次插值多项式就是其本身。

4.2　拉格朗日插值

由定理 4-1 的证明过程可知，求插值多项式 $P(x)$ 可以通过求式（4-4）的解 $a_n, a_{n-1}, \cdots, a_1, a_0$ 得到，但这种算法计算量大，实际应用中使用较少。本节介绍代数插值法中一类经典的方法：拉格朗日插值。

4.2.1　拉格朗日插值多项式

设 $\varphi(c_0, c_1, \cdots, c_n)$ 是次数不超过 n 的多项式空间，是否能构造出 $\varphi(c_0, c_1, \cdots, c_n)$ 的一组基函数 $l_0(x), l_1(x), \cdots, l_n(x)$，使求插值多项式

$$L_n(x) = \sum_{i=0}^{n} a_i l_i(x) \tag{4-6}$$

中的系数 a_i 变得容易呢？

由于式（4-3）可以改写为

$$P_n(x_i) = (1, x_i, x_i^2, \cdots, x_i^n)(a_0, a_1, \cdots, a_n)^{\mathrm{T}}, \quad i = 0, 1, 2, \cdots, n \tag{4-7}$$

因此有

$$L_n(x) = [l_0(x), l_1(x), \cdots, l_n(x)](a_0, a_1, \cdots, a_n)^{\mathrm{T}} \tag{4-8}$$

且

$$L_n(x_i) = f(x_i), \quad i = 0, 1, 2, \cdots, n \tag{4-9}$$

于是有

$$\begin{bmatrix} l_0(x_0) & l_1(x_0) & \cdots & l_n(x_0) \\ l_0(x_1) & l_1(x_1) & \cdots & l_n(x_1) \\ \vdots & \vdots & & \vdots \\ l_0(x_n) & l_1(x_n) & \cdots & l_n(x_n) \end{bmatrix} \begin{bmatrix} a_0 \\ a_1 \\ \vdots \\ a_n \end{bmatrix} = \begin{bmatrix} f(x_0) \\ f(x_1) \\ \vdots \\ f(x_n) \end{bmatrix} \tag{4-10}$$

若上面方程组的系数矩阵为单位矩阵，则可知

$$a_i = f(x_i) , \quad i = 0, 1, 2, \cdots, n \tag{4-11}$$

要使式（4-10）的系数矩阵为单位矩阵，需要满足

$$l_i(x_j) = \begin{cases} 1, & i = j \\ 0, & i \neq j \end{cases} \quad i, j = 0, 1, 2, \cdots, n \tag{4-12}$$

于是，在多项式空间 $\varphi(c_0, c_1, \cdots, c_n)$ 内寻求一组基函数 $l_0(x), l_1(x), \cdots, l_n(x)$，使式（4-10）的系数矩阵为单位矩阵就转化为构造满足式（4-12）的基函数 $l_i(x)$。由于 $l_i(x)$ 在 $x = x_j$（ $j = 0, 1, 2, \cdots, i-1, i+1, \cdots, n$ ）时的值为 0，因此可令

$$l_i(x) = A(x - x_0)(x - x_1) \cdots (x - x_{i-1})(x - x_{i+1}) \cdots (x - x_n) \tag{4-13}$$

其中，A 为待定常数。在式（4-13）中，令 $x = x_i$，则可确定

$$A = \frac{1}{(x - x_0)(x - x_1) \cdots (x - x_{i-1})(x - x_{i+1}) \cdots (x - x_n)}$$

从而

$$\begin{aligned} l_i(x) &= \frac{(x - x_0)(x - x_1) \cdots (x - x_{i-1})(x - x_{i+1}) \cdots (x - x_n)}{(x_i - x_0)(x_i - x_1) \cdots (x_i - x_{i-1})(x_i - x_{i+1}) \cdots (x_i - x_n)} \\ &= \prod_{\substack{j=0 \\ j \neq i}}^{n} \frac{x - x_j}{x_i - x_j} \end{aligned} \tag{4-14}$$

记

$$\omega(x) = \prod_{i=0}^{n} (x - x_i) \tag{4-15}$$

则

$$l_k(x) = \frac{\omega(x)}{(x - x_k)\omega'(x_k)} \tag{4-16}$$

其中，$\omega'(x_k) = \prod\limits_{\substack{i=0 \\ i \neq k}}^{n} (x_k - x_i)$，于是可得满足式（4-3）的 n 次插值多项式为

$$L_n(x) = \sum_{k=0}^{n} f(x_k) l_k(x) \tag{4-17}$$

其中，$L_n(x)$ 为拉格朗日插值多项式，$l_k(x)$ 为拉格朗日插值基函数。

4.2.2　线性插值与抛物线插值

已知函数 $y = f(x)$ 在点 x_0 和 x_1 处的函数值分别 y_0、y_1。在式（4-17）中，当 $n = 1$ 时，

拉格朗日插值多项式为

$$L_1(x) = f(x_0)l_0(x) + f(x_1)l_1(x)$$

$$= y_0 \frac{x - x_1}{x_0 - x_1} + y_1 \frac{x - x_0}{x_1 - x_0} \qquad (4\text{-}18)$$

$$= y_0 + \frac{y_1 - y_0}{x_1 - x_0}(x - x_0)$$

其中

$$l_0(x) = \frac{x - x_1}{x_0 - x_1}, \quad l_1(x) = \frac{x - x_0}{x_1 - x_0}$$

$L_1(x)$ 是经过两点 (x_0, y_0)、(x_1, y_1) 的一条直线,因此这种插值方法通常称为线性插值,如图 4-2 所示。

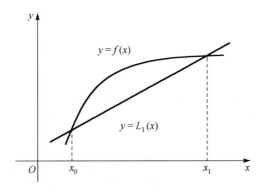

图 4-2　线性插值图示

已知函数 $y = f(x)$ 在点 x_0、x_1、x_2 处的函数值分别为 y_0、y_1、y_2。在式(4-17)中,当 $n = 2$ 时,拉格朗日插值多项式为

$$L_2(x) = f(x_0)l_0(x) + f(x_1)l_1(x) + f(x_2)l_2(x)$$

$$= y_0 \frac{(x - x_1)(x - x_2)}{(x_0 - x_1)(x_0 - x_2)} + y_1 \frac{(x - x_0)(x - x_2)}{(x_1 - x_0)(x_1 - x_2)} + y_2 \frac{(x - x_0)(x - x_1)}{(x_2 - x_0)(x_2 - x_1)} \quad (4\text{-}19)$$

其中

$$l_0(x) = \frac{(x - x_1)(x - x_2)}{(x_0 - x_1)(x_0 - x_2)}, \quad l_1(x) = \frac{(x - x_0)(x - x_2)}{(x_1 - x_0)(x_1 - x_2)}$$

$$l_2(x) = \frac{(x - x_0)(x - x_1)}{(x_2 - x_0)(x_2 - x_1)}$$

式(4-19)是二次函数,$L_2(x)$ 是经过 3 点 (x_0, y_0)、(x_1, y_1)、(x_2, y_2) 的抛物线,因此这种插值方法通常称为抛物线插值,如图 4-3 所示。

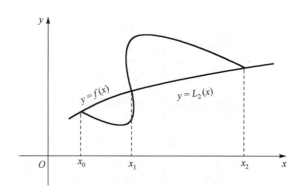

图 4-3　抛物线插值图示

例 4-1　给定函数在 100、121 两点处的平方根，如表 4-1 所示。试用线性插值求 115 的平方根。

表 4-1　例 4-1 表

x	100	121
y	10	11

解　已知 $x_0 = 100$，$x_1 = 121$，$x = 115$，由 $L(x) = y_0 \dfrac{x - x_1}{x_0 - x_1} + y_1 \dfrac{x - x_0}{x_1 - x_0}$ 可得

$$\sqrt{115} \approx L(115) = 10 \times \frac{115 - 121}{100 - 121} + 11 \times \frac{115 - 100}{121 - 100} \approx 10.714$$

例 4-2　令 $f(x) = \sqrt{x}$，取插值节点为 $f(2.56) = 1.6$，$f(2.89) = 1.7$，$f(3.24) = 1.8$，用抛物线插值计算 $\sqrt{3}$ 的近似值。

解　已知插值节点 $(x_0, y_0) = (2.56, 1.6)$，$(x_1, y_1) = (2.89, 1.7)$，$(x_2, y_2) = (3.24, 1.8)$，可得

$$
\begin{aligned}
f(\sqrt{3}) &= \frac{(x - x_1)(x - x_2)}{(x_0 - x_1)(x_0 - x_2)} y_0 + \frac{(x - x_0)(x - x_2)}{(x_1 - x_0)(x_1 - x_2)} y_1 + \frac{(x - x_0)(x - x_1)}{(x_2 - x_0)(x_2 - x_1)} y_2 \\
&= \frac{(3 - 2.89)(3 - 3.24)}{(2.56 - 2.89)(2.56 - 3.24)} \times 1.6 + \frac{(3 - 2.56)(3 - 3.24)}{(2.89 - 2.56)(2.89 - 3.24)} \times 1.7 + \\
&\quad \frac{(3 - 2.56)(3 - 2.89)}{(3.24 - 2.56)(3.24 - 2.89)} \times 1.8 \\
&\approx 1.732
\end{aligned}
$$

因此，$\sqrt{3}$ 的近似值为 1.732。

4.2.3　拉格朗日插值余项与误差

1. 拉格朗日插值余项

由插值问题的定义可知，在区间 $[a, b]$ 上，用代数多项式 $P(x)$ 近似被插值函数

$y = f(x)$ 时，在插值节点上有

$$P(x_i) = y_i, \quad i = 0,1,\cdots,n$$

而在其余点处，一般来说就会有误差，这个误差称为插值多项式的插值余项（或截断误差），即

$$R(x) = f(x) - P(x)$$

可见，插值余项的绝对值 $|R(x)|$ 越小，插值多项式近似被插值函数的程度越高。用简单的拉格朗日插值函数 $L_n(x)$ 代替原来很复杂的函数 $f(x)$，这种做法究竟是否高效要看插值余项是否满足所要求的精度。

定理 4-2 设函数 $f(x)$ 在区间 $[a,b]$ 上有 n 阶连续导数，$f^{(n)}(x)$ 在开区间 (a,b) 上存在，$x_0, x_1, \cdots, x_n$ 是区间 $[a,b]$ 上 $n+1$ 个互异的插值节点，记

$$\omega_{n+1}(x) = \prod_{i=0}^{n}(x - x_i) = (x - x_0)(x - x_1)\cdots(x - x_n) \tag{4-20}$$

则插值多项式 $L_n(x)$ 的插值余项为

$$R_n(x) = f(x) - L_n(x) = \frac{f^{(n+1)}(\xi)}{(n+1)!}\omega_{n+1}(x), \quad x \in [a,b] \tag{4-21}$$

其中，$\xi = \xi(x) \in (a,b)$。

证 由插值条件，即式（4-2）和式（4-20）可知，当 $x = x_i$ 时，式（4-21）显然成立，且有

$$R_n(x) = 0, \quad i = 0,1,2,\cdots,n \tag{4-22}$$

即 $x_0, x_1, \cdots, x_n$ 是 $R_n(x) = 0$ 的根，从而 $R_n(x)$ 可表示为

$$R_n(x) = f(x) - L_n(x) = K(x)\omega_{n+1}(x) \tag{4-23}$$

其中，$K(x)$ 为待定函数。

对于 $\forall x \in [a,b]$，$x \neq x_i$，$i = 0,1,2,\cdots,n$，构造辅助函数

$$\varphi(t) = f(t) - L_n(t) - K(x)\omega_{n+1}(t) \tag{4-24}$$

由式（4-22）和式（4-23）可知 $x_0, x_1, \cdots, x_n$ 与 $\varphi(t)$ 在区间 $[a,b]$ 上的 $n+2$ 个互异零点，因此根据罗尔中值定理，至少存在一点 $\xi = \xi(x) \in (a,b)$，使得

$$\varphi(\xi) = 0$$

于是，由式（4-24）可得

$$K(x) = \frac{f^{(n+1)}(\xi)}{(n+1)!}$$

代入式（4-23）可得式（4-21），定理得证。

2. 拉格朗日插值误差

定理 4-3 如果 $f^{(n+1)}(x)$ 在区间 (a,b) 上有界，即存在常数 $M_{n+1} > 0$，使得

$$|f^{(n+1)}(x)| \leqslant M_{n+1}, \quad \forall x \in (a,b)$$

则有插值余项估计：

$$|R_n(x)| \leqslant \frac{M_{n+1}}{(n+1)!}|\omega_{n+1}(x)|$$

当 $f^{(n+1)}$ 在闭区间 $[a,b]$ 上连续时，可取 $M_{n+1} = \max\limits_{x \in [a,b]}|f^{(n+1)}(x)|$。

推论 4-2 设节点 $x_0 < x_1$，$f''(x)$ 在 $[x_0,x_1]$ 上连续，记 $M_2 = \max\limits_{x \in [x_0,x_1]}|f''(x)|$，则过点 $(x_0, f(x_0))$ 和 $(x_1, f(x_1))$ 的线性插值余项为

$$R_1(x) = \frac{f''(\xi)}{2}(x-x_0)(x-x_1), \quad \xi = \xi(x) \in (x_0, x_1)$$

$(x-x_0)(x-x_1)$ 在 $x = (x_0+x_1)/2$ 处有极小值 $-x = (x_1+x_0)^2/4$。若取 $x \in [x_0,x_1]$，则 $(x-x_0)(x-x_1) \leqslant 0$，取绝对值 $|(x-x_0)(x-x_1)|$，有最大值 $(x_1-x_0)^2/4$，可得插值余项的一个上界估计，即对于 $\forall x \in [x_0,x_1]$，有

$$|R_1(x)| \leqslant \frac{M_2}{8}(x_1-x_0)^2$$

例 4-3 设 $f(x) = \ln x$，已知函数表如表 4-2 所示。

表 4-2 例 4-3 表

x	0.40	0.50	0.70	0.80
$f(x)$	−0.916291	−0.693147	−0.356675	−0.223144

试计算 $f(0.6)$ 的近似值并估计误差。

解 若用抛物线插值法，选取插值节点 $x_0 = 0.50$，$x_1 = 0.70$，$x_2 = 0.80$，则有

$$\ln(0.6) \approx L_2(0.6) = \frac{(x-x_1)(x-x_2)}{(x_0-x_1)(x_0-x_2)}y_0 + \frac{(x-x_0)(x-x_2)}{(x_1-x_0)(x_1-x_2)}y_1 + \frac{(x-x_0)(x-x_1)}{(x_2-x_0)(x_2-x_1)}y_2$$

$$= \frac{(0.60-0.70)(0.60-0.80)}{(0.50-0.70)(0.50-0.80)} \times (-0.693147) + \frac{(0.60-0.50)(0.60-0.80)}{(0.70-0.50)(0.70-0.80)} \times$$

$$(-0.356675) + \frac{(0.60-0.50)(0.60-0.70)}{(0.80-0.50)(0.80-0.70)} \times (-0.223144)$$

$$\approx -0.513343$$

误差为

$$R_2(0.6) = \frac{f^{(3)}(\xi)}{3!}(x-x_0)(x-x_1)(x-x_2)$$

$$= \frac{2}{3} \times \frac{10^{-3}}{\xi^3}, \quad x_0 < \xi < x_2$$

$$1.3 \times 10^{-3} < R_2(0.6) < 5.34 \times 10^{-3}$$

4.3 牛顿插值

拉格朗日插值是用基函数构成的插值方法，其优点是插值多项式易于建立，形式工整易记，具有对称性；缺点在于基函数和每个插值节点有关，因此当要增加一个插值节点时，所有的基函数都要重新计算，这就会造成大量的计算浪费。而牛顿（Newton）插值在增加插值节点时具有递推性，这要用到差商的概念。

4.3.1 差商及其性质

定义 4-1 已知函数 $f(x)$ 的 $n+1$ 个插值节点为 (x_i, y_i) ，$y_i = f(x_i)$ ，$i = 0, 1, 2, \cdots, n$ ，$y = f(x)$ 在区间 $[x_i, x_{i+1}]$ 上的平均变化率

$$\frac{f(x_{i+1}) - f(x_i)}{x_{i+1} - x_i}$$

称为函数 $f(x)$ 关于点 x_i 和 x_{i+1} 的一阶差商，也称一阶均差，记为 $f[x_i, x_{i+1}]$ 。

一阶差商的平均变化率

$$\frac{f[x_{i+1}, x_{i+2}] - f[x_i, x_{i+1}]}{x_{i+2} - x_i}$$

称为函数 $f(x)$ 的二阶差商，可以理解为一阶差商的差商，记为 $f[x_i, x_{i+1}, x_{i+2}]$ 。

一般，$k-1$ 阶差商的差商

$$\frac{f[x_1, x_2, \cdots, x_k] - f[x_0, x_1, \cdots, x_{k-1}]}{x_k - x_0}$$

称为 $f(x)$ 在点 $x_0, x_1, \cdots, x_k$ 处的 k 阶差商，也称 k 阶均差，记为 $f[x_0, x_1, x_2, \cdots, x_k]$ 。

为了便于计算，通常可以构建如表 4-3 所示的差商表。

表 4-3　差商表

x_k	0 阶	1 阶	2 阶	3 阶	$\cdots$	因子
x_0	$f(x_0)$				$\cdots$	1
x_1	$f(x_1)$	$f[x_0, x_1]$			$\cdots$	$x - x_0$
x_2	$f(x_2)$	$f[x_1, x_2]$	$f[x_0, x_1, x_2]$		$\cdots$	$(x - x_0)(x - x_1)$
x_3	$f(x_3)$	$f[x_2, x_3]$	$f[x_1, x_2, x_3]$	$f[x_0, x_1, x_2, x_3]$	$\cdots$	$(x - x_0)(x - x_1)(x - x_2)$
$\cdots$	$\cdots$	$\cdots$	$\cdots$	$\cdots$	$\cdots$	$\cdots$

由差商的定义可以看出，任意一个 i 阶差商都可通过一个分式来计算，其分子为所求差商左侧的差商值减去左上侧的差商值，分母为所求差商同行最左侧的节点的值减去由它往上数第 i 个节点的值，如表 4-3 所示。

差商具有如下性质。

（1）n 阶差商可以表示为 $n+1$ 个函数值 $f(x_0), f(x_1), \cdots, f(x_n)$ 的线性组合，即

$$f[x_0, x_1, \cdots, x_n] = \sum_{i=0}^{n} \frac{f(x_i)}{(x_i - x_0) \cdots (x_i - x_{i-1})(x_i - x_{i+1}) \cdots (x_i - x_n)}$$

证 由差商的定义可知，当 $n=1$ 时，有

$$f[x_0, x_1] = \frac{f(x_0) - f(x_1)}{x_0 - x_1} = \frac{f(x_0)}{x_0 - x_1} + \frac{f(x_1)}{x_1 - x_0}$$

当 $n=2$ 时，有

$$f[x_0, x_1, x_2] = \frac{f[x_0, x_1] - f[x_1, x_2]}{x_0 - x_2} = \frac{f[x_0, x_1]}{x_0 - x_2} + \frac{f[x_1, x_2]}{x_2 - x_0}$$

$$= \frac{1}{x_0 - x_2}\left(\frac{f(x_0)}{x_0 - x_1} + \frac{f(x_1)}{x_1 - x_0}\right) + \frac{1}{x_2 - x_0}\left(\frac{f(x_1)}{x_1 - x_2} + \frac{f(x_2)}{x_2 - x_1}\right)$$

$$= \frac{f(x_0)}{(x_0 - x_1)(x_0 - x_2)} + \frac{f(x_1)}{x_0 - x_2}\left(\frac{1}{x_1 - x_0} - \frac{1}{x_1 - x_2}\right) + \frac{f(x_2)}{(x_2 - x_0)(x_2 - x_1)}$$

$$= \frac{f(x_0)}{(x_0 - x_1)(x_0 - x_2)} + \frac{f(x_1)}{(x_1 - x_0)(x_1 - x_2)} + \frac{f(x_2)}{(x_2 - x_0)(x_2 - x_1)}$$

一般地，有

$$f[x_0, x_1, \cdots, x_n] = \sum_{i=0}^{n} \frac{f(x_i)}{(x_i - x_0) \cdots (x_i - x_{i-1})(x_i - x_{i+1}) \cdots (x_i - x_n)}$$

（2）对称性。差商与节点的顺序无关，即

$$f[x_0, x_1] = f[x_1, x_0]$$

$$f[x_0, x_1, x_2] = f[x_1, x_0, x_2] = f[x_0, x_2, x_1]$$

（3）若 $f(x)$ 是 x 的 n 次多项式，则一阶差商 $f[x, x_0]$ 是 x 的 $n-1$ 次多项式，二阶差商 $f[x, x_0, x_1]$ 是 x 的 $n-2$ 次多项式；一般地，函数 $f(x)$ 的 k（$k \leq n$）阶差商 $f[x, x_0, \cdots, x_{k-1}]$ 是 x 的 $n-k$ 次多项式；而当 $k > n$ 时，k 阶差商为零。

（4）若 $f(x)$ 是 x 的 n 次多项式，则 $f[x_0, x_1, \cdots, x_n]$ 恒为 0。

例 4-4 根据表 4-4 所示的函数关系，构造差商表。

表 4-4　函数关系

x	1	3	2
$f(x)$	1	2	−1

解 根据差商表的定义，可得如表 4-5 所示的差商表。

表 4-5　差商表

	0 阶	1 阶	2 阶
$x_0 = 1$	$f(x_0) = 1$		
$x_1 = 3$	$f(x_1) = 2$	$f[x_0, x_1]$	
$x_2 = 2$	$f(x_2) = -1$	$f[x_1, x_2]$	$f[x_0, x_1, x_2]$

其中

$$f[x_0,x_1] = \frac{f(x_1)-f(x_0)}{x_1-x_0} = \frac{2-1}{3-1} = 0.5$$

$$f[x_1,x_2] = \frac{f(x_2)-f(x_1)}{x_2-x_1} = \frac{-1-2}{2-3} = 3$$

$$f[x_0,x_1,x_2] = \frac{f[x_1,x_2]-f[x_0,x_1]}{x_2-x_0} = \frac{3-0.5}{2-1} = 2.5$$

因此，最终的差商表如表 4-6 所示。

表 4-6 最终的差商表

		0 阶	1 阶	2 阶
1	1			
3	2	0.5		
2	−1	3	2.5	

4.3.2 牛顿插值公式

牛顿插值公式是用差商构成的。

根据差商的定义，可得

$$f(x) = f(x_0) + f[x_0,x](x-x_0)$$
$$f[x_0,x] = f[x_0,x_1] + f[x_0,x_1,x](x-x_1)$$
$$f[x_0,x_1,x] = f[x_0,x_1,x_2] + f[x_0,x_1,x_2,x](x-x_2)$$
$$\vdots$$
$$f[x_0,x_1,\cdots,x_{n-1},x] = f[x_0,x_1,\cdots,x_n] + f[x_0,x_1,\cdots,x_n,x](x-x_n)$$

不断地将后一个式子代入前面的式子，可得

$$f(x) = f(x_0) + f[x_0,x_1](x-x_0) + f[x_0,x_1,x_2](x-x_0)(x-x_1) + \cdots +$$
$$f[x_0,x_1,\cdots,x_n](x-x_0)(x-x_1)\cdots(x-x_{n-1}) +$$
$$f[x_0,x_1,\cdots,x_n,x](x-x_0)(x-x_1)\cdots(x-x_n)$$

将其称为带余项的牛顿插值公式。

令

$$N(x) = f(x_0) + f[x_0,x_1](x-x_0) + f[x_0,x_1,x_2](x-x_0)(x-x_1) + \cdots +$$
$$f[x_0,x_1,\cdots,x_n](x-x_0)(x-x_1)\cdots(x-x_{n-1})$$
$$R(x) = f[x_0,x_1,\cdots,x_n,x](x-x_0)(x-x_1)\cdots(x-x_n)$$

则有

$$f(x) = N(x) + R(x)$$

其中，$N(x)$ 是 $f(x)$ 的前 $n+1$ 项，是 x 的 n 次多项式，称为牛顿插值公式或牛顿插值多项式；$R(x)$ 是 $f(x)$ 的最后一项，称为牛顿插值余项。

牛顿插值多项式具有如下特点。

（1）$N(x)$ 的次数不超过 n 次，项数不超过 $n+1$ 项，各项系数是各阶差商。

（2）在插值节点上，$N(x)$ 等于被插值函数 $f(x)$，即 $N(x_i) = f(x_i)$，$i = 1, 2, \cdots, n$。此时，$R(x) = 0$。

（3）当增加一个插值节点时，只需 $N(x)$ 再增加一项即可，原有各项均保持不变。

（4）用差商表示的插值余项式比用导数表示的插值余项式的适用范围更广，并且当 $f(x)$ 的导数不存在，甚至 $f(x)$ 不连续时，其仍有意义。

例 4-5 函数关系如表 4-7 所示，求牛顿插值多项式，计算 $x = 1.5$ 时函数的近似值。

表 4-7 函数关系

x	1	3	2
$f(x)$	1	2	−1

解 构造差商表，如表 4-8 所示。

表 4-8 差商表

x_i	0 阶	1 阶	2 阶	因子
1	1			1
3	2	0.5		$(x-1)$
2	−1	3	2.5	$(x-1)(x-3)$

$$\begin{aligned} N_n(x) &= f(x_0) + f[x_0, x_1](x - x_0) + f[x_0, x_1, x_2](x - x_0)(x - x_1) \\ &= 1 + 0.5(x-1) + 2.5(x-1)(x-3) \\ &= 2.5x^2 - 9.5x + 8 \end{aligned}$$

$$f(1.5) \approx N(1.5) = -0.625$$

注：取 $n+1$ 个节点进行 n 次插值时，插值公式是唯一的，即此时拉格朗日插值多项式和牛顿插值多项式是相等的，因此其插值余项也相等。

拉格朗日插值多项式的插值余项为

$$R(x) = \frac{f^{(n+1)}(\xi)}{(n+1)!} \omega(x)$$

$$\omega(x) = (x - x_0)(x - x_1) \cdots (x - x_n)$$

牛顿插值多项式的插值余项为

$$R(x) = f[x_0, x_1, \cdots, x_n, x](x - x_0)(x - x_1) \cdots (x - x_n)$$

因此有

$$f[x_0, x_1, \cdots, x_n, x] = \frac{f^{(n+1)}(\xi)}{(n+1)!}$$

$$f[x_0, x_1, \cdots, x_{n-1}, x] = \frac{f^{(n)}(\xi)}{n!}$$

其中，x 为求积区间中的一个点，可以表示成 x_n，这样就可以写成下面的形式：

$$f[x_0, x_1, \cdots, x_{n-1}, x_n] = \frac{f^{(n)}(\xi)}{n!}, \quad \xi \in \left[\min_{1 \leq i \leq n} x_i, \max_{1 \leq i \leq n} x_i \right]$$

这就建立了差商与导数的关系。

4.4 工程案例分析

例 4-6 电导率随温度变化的牛顿插值法。

研究某种新型材料在不同温度下的电导率，实验数据如表 4-9 所示。利用这些数据，构造牛顿插值多项式，描述该材料的电导率随温度变化的关系，并计算温度为 350℃ 时，材料的电导率。

表 4-9 实验数据

	k	0	1	2	3	4
温度/℃	x_k	100	150	200	250	300
电导率/（S/m）	$f(x_k)$	120	180	220	240	260

解 使用牛顿插值法，通过计算差商来构建插值多项式。

（1）差商计算：计算相关的差商值，完成差商表。已知

$$f(x_0) = 120$$

$$f(x_1) = 180$$

$$f(x_2) = 220$$

$$f(x_3) = 240$$

$$f(x_4) = 260$$

计算一阶差商：

$$f[x_0, x_1] = \frac{f(x_1) - f(x_0)}{x_1 - x_0} = \frac{180 - 120}{150 - 100} = 1.2$$

$$f[x_1, x_2] = \frac{f(x_2) - f(x_1)}{x_2 - x_1} = \frac{220 - 180}{200 - 150} = 0.8$$

$$f[x_2, x_3] = \frac{f(x_3) - f(x_2)}{x_3 - x_2} = \frac{240 - 220}{250 - 200} = 0.4$$

$$f[x_3,x_4]=\frac{f(x_4)-f(x_3)}{x_4-x_3}=\frac{260-240}{300-250}=0.4$$

计算二阶差商：

$$f[x_0,x_1,x_2]=\frac{f[x_1,x_2]-f[x_0,x_1]}{x_2-x_0}=\frac{0.8-1.2}{200-100}=-0.004$$

$$f[x_1,x_2,x_3]=\frac{f[x_2,x_3]-f[x_2,x_1]}{x_3-x_1}=\frac{0.4-0.8}{250-150}=-0.004$$

$$f[x_2,x_3,x_4]=\frac{f[x_3,x_4]-f[x_3,x_2]}{x_4-x_2}=\frac{0.4-0.4}{300-200}=0$$

计算三阶差商：

$$f[x_0,x_1,x_2,x_3]=\frac{f[x_1,x_2,x_3]-f[x_0,x_1,x_2]}{x_3-x_0}=\frac{-0.004-(-0.004)}{250-100}=0$$

$$f[x_1,x_2,x_3,x_4]=\frac{f[x_2,x_3,x_4]-f[x_1,x_2,x_3]}{x_4-x_1}=\frac{0-(-0.004)}{300-150}\approx 2.67\times10^{-5}$$

计算四阶差商：

$$f[x_0,x_1,x_2,x_3,x_4]=\frac{f[x_1,x_2,x_3,x_4]-f[x_0,x_1,x_2,x_3]}{x_4-x_0}=\frac{2.67\times10^{-5}-0}{300-100}\approx 1.34\times10^{-7}$$

（2）计算牛顿插值多项式：

$$N_4(x)=120+1.2\times(x-100)-0.004\times(x-100)(x-150)$$
$$+0\times(x-100)(x-150)(x-200)+1.34\times10^{-7}\times(x-100)(x-150)(x-200)(x-250)$$
$$N_4(350)=270.25$$

MATLAB 程序：

```
Function yi = newtonint(x,y,xi)
% 牛顿插值，x 为插值节点向量，按行输入
% y 为插值节点的函数值向量，按行输入
% xi 为标量，自变量
M=length(x); n=length(y);
If m~=n
  Error('向量 x 与 y 的长度必须一致')
End
% 计算并显示差商表
K=2; f(1)=y(i);
While k~=n+1
F(1)=y(k); k, x(k);
For i=1:k-1
  If i~=k-1
    F(i+1)=(f(i)-y(i))/(x(k)-x(i));
```

```
End
End
Cs(i)=f(i+1);
Y(k)=f(k);
K=k+1;
End
% 计算牛顿插值多项式
Cfwh = 0;
For i=1:n-2
    W=1;
    For j=1:i
        W=w*(xi - x(j));
    End
Cfwh=cfwh+cs(i)*w;
End
Yi = y(1)+cfwh;
```

在 MATLAB 命令窗口执行以下命令：

```
>>  x = [100 150 200 250 300];
>>  y = [120 180 220 240 260];
>>  xi = 350;
>>  ni = newtonint (x, y, xi)
```

思考题

1．设 $x_0 = 0$，$x_1 = 1$，求出 $f(x) = \mathrm{e}^{-x}$ 的插值多项式 $L_1(x)$，并估计插值误差。

2．已知函数表如表 4-10 所示，求三次插值多项式，并计算 $f(0.2)$ 和 $f(0.8)$。

表 4-10　思考题 2 表

x_i	−0.1	0.3	0.7	1.1
$f(x_i)$	0.995	0.955	0.765	0.454

3．已知函数表如表 4-11 所示，试求牛顿插值多项式和插值余项。

表 4-11　思考题 3 表

x_i	0	1	2	3	4
$f(x_i)$	0	16	46	88	0

4．已知连续函数 $f(x)$ 在 $x = -1, 0, 2, 3$ 处的值分别为 −4、−1、0、3，用牛顿插值求以下值。

（1）$f(1.5)$ 的近似值。

（2）$f(x) = 0.5$ 时 x 的近似值。

5．设 $f(x)$ 在区间 $[a,b]$ 上有连续的 2 阶导数，且 $f(a) = f(b) = 0$，求证

$$\max_{x\in[a,b]}|f(x)| \leqslant \frac{1}{8}(b-a)^2 \max_{x\in[a,b]}|f''(x)|$$

6．证明 n 阶差商有如下性质。

（1）若 $F(x)=cf(x)$，则 $F[x_0,x_1,\cdots,x_n]=cf[x_0,x_1,\cdots,x_n]$。

（2）若 $F(x)=f(x)+g(x)$，则 $F[x_0,x_1,\cdots,x_n]=f[x_0,x_1,\cdots,x_n]+g[x_0,x_1,\cdots,x_n]$。

7．设 $f(x)=\dfrac{1}{a-x}$，且 $a,x_0,x_1,\cdots,x_n$ 互不相同，证明

$$f[x_0,x_1,\cdots,x_k]=\frac{1}{(a-x_0)(a-x_1)\cdots(a-x_k)},\quad k=1,2,\cdots,n$$

8．表 4-12 给出了概率积分 $f(x)=\dfrac{2}{\sqrt{\pi}}\displaystyle\int_0^x \mathrm{e}^{-t^2}\,\mathrm{d}t$ 的数据表。

表 4-12　思考题 8 表

x	0.46	0.47	0.48	0.49
$f(x)$	0.4846555	0.4937452	0.5027498	0.5116683

用二次插值计算以下各值。

（1）当 $x=0.472$ 时，积分值等于多少？

（2）当 x 取何值时，积分值等于 0.5？

9．已知 $\sin x$ 在 $30°$、$45°$、$60°$ 处的值分别为 $\dfrac{1}{2}$、$\dfrac{\sqrt{2}}{2}$、$\dfrac{\sqrt{3}}{2}$，分别用一次插值和二次插值求 $\sin 50°$ 的近似值并估计插值余项。

10．用差商证明莱布尼茨公式：若 $p(x)=f(x)g(x)$，则

$$p[x_0,x_1,\cdots,x_n]=\sum_{k=0}^{n}f[x_0,x_1,\cdots,x_k]g[x_k,x_{k+1},\cdots x_n]$$

第 5 章
曲线拟合的最小二乘法

5.1　最小二乘法

　　在科学和工程实验中，通常会获得一组实验或观测数据。数值方法的目标之一是确定一个将这些变量联系起来的函数 $y = f(x)$，即通过算法形成一种数学刻画的公式来寻求其中的规律。根据插值多项式逼近原理，如果已知所有的数值 $\{x_k\}$、$\{y_k\}$ 有多位有效数字精度，则能成功地使用多项式插值。然而，很多实验数据可能并没有如此高的精度，而且通常在实验中不可避免地存在实验误差，因此插值多项式变得不可用（因为插值多项式是根据已有数据进行多项式拟合的，如果插值节点数据本身存在较大误差，则结果会出现更大的误差），需要寻找一种经过测试点附近（不总是穿过）的最佳线性逼近表达式。

　　曲线拟合是指从给出的一大堆数据中找出规律，即设法构造一条曲线（拟合曲线）反映数据点总的趋势，以消除其局部波动。曲线拟合不要求观测数据本身一定完全可靠，甚至允许个别数据的误差很大，只需数据很多。

5.1.1　最小二乘原理

　　最小二乘法是在进行曲线拟合时常用的一种求解拟合曲线表达式的方法，下面介绍最小二乘原理。

　　设已知某物理过程 $y = f(x)$ 的一组观测数据为

$$(x_1, y_1), (x_2, y_2), \cdots, (x_m, y_m)$$

要求在某特定函数中寻找一个函数 $\varphi(x)$ 作为数据的拟合函数，使得二者在所有点上的误差或残差

$$\delta_k = \varphi(x_k) - y_k, \quad k = 1, 2, \cdots, m \tag{5-1}$$

按某种度量标准最小，这就是拟合问题。

要求误差 δ_k 按某种度量标准最小，即要求由误差 δ_k 构成的残差向量 $\boldsymbol{\delta} = [\delta_1, \delta_2, \cdots, \delta_m]^{\mathrm{T}}$ 的某种范数最小。例如，要求 $\|\boldsymbol{\delta}_1\|$ 或 $\|\boldsymbol{\delta}_\infty\|$

$$\|\boldsymbol{\delta}\|_1 = \sum_{i=1}^{m} |\delta_i| = \sum_{i=1}^{m} |\varphi(x_i) - f(x_i)|$$

$$\|\boldsymbol{\delta}\|_\infty = \max_i |\delta_i| = \max_i |\varphi(x_i) - f(x_i)|$$

最小，由于这些范数计算不太方便，因此通常要求

$$\|\boldsymbol{\delta}\|_2 = \left(\sum_{i=1}^{m} \delta_i^2\right)^{\frac{1}{2}} = \left\{\sum_{i=1}^{m} [\varphi(x_i) - f(x_i)]^2\right\}^{\frac{1}{2}}$$

$$\|\boldsymbol{\delta}\|_2^2 = \sum_{i=1}^{m} \delta_i^2 = \sum_{i=1}^{m} [\varphi(x_i) - f(x_i)]^2$$

最小。这种要求误差平方和最小的拟合称为曲线拟合的最小二乘法。也就是说，最小二乘法提供了一种数学方法，利用这种数学方法可以对实验数据实现在最小平方误差意义下的最好拟合。

通常会选取一类可用的函数并确定它们的系数，然而，这类函数不是随便选取的，必须根据实际的实验数据进行判断，选取最符合的函数模型，因此选取函数的可能性是多种多样的。一般 $\varphi(x) \in \Phi = \mathrm{Span}\{\varphi_0, \varphi_1, \cdots, \varphi_n\}$，其中，$\varphi_i(x)$，$i = 0, 1, \cdots, n$ 是线性无关的函数，Φ 是 $\varphi_0, \varphi_1, \cdots, \varphi_n$ 组成的解空间，$\varphi(x) \in \Phi$ 表示为

$$\varphi(x) = a_0 \varphi_0(x) + a_1 \varphi_1(x) + \cdots + a_n \varphi_n(x) \tag{5-2}$$

此时，$\varphi(x)$ 为线性拟合模型，否则，当 $\varphi(x)$ 关于某个或某些参数非线性时，称之为非线性拟合模型。

对于式（5-2），只需求拟合参数 $a_0, a_1, \cdots, a_n$，就可以得到拟合函数。令

$$J(a_0, a_1, \cdots, a_n) = \sum_{i=1}^{m} [a_0 \varphi_0(x_i) + a_1 \varphi_1(x_i) + \cdots + a_n \varphi_n(x_i) - y_i]^2$$

是关于 $a_0, a_1, \cdots, a_n$ 的函数，$a_0, a_1, \cdots, a_n$ 的取值点应在误差表达式的极值处，即表达式关于 $a_0, a_1, \cdots, a_n$ 的偏导数为 0，即

$$\frac{\partial J}{\partial a_k} = 0, \quad k = 0, 1, \cdots, n$$

即

$$\frac{\partial J}{\partial a_k} = 2 \sum_{i=1}^{m} \varphi_k(x_i) [a_0 \varphi_0(x_i) + a_1 \varphi_1(x_i) + \cdots + a_n \varphi_n(x_i) - y_i] = 0$$

$$\sum_{i=1}^{m} \varphi_k(x_i) [a_0 \varphi_0(x_i) + a_1 \varphi_1(x_i) + \cdots + a_n \varphi_n(x_i) - y_i] = 0, \quad k = 0, 1, \cdots, n$$

引入记号

$$\begin{cases} (\varphi_k, \varphi_j) = \sum_{i=1}^{m} \varphi_k(x_i)\varphi_j(x_i) \\ (\varphi_k, y) = \sum_{i=1}^{m} \varphi_k(x_i)y_i \end{cases}$$

则上面的方程可以表示为

$$a_0(\varphi_k, \varphi_0) + a_1(\varphi_k, \varphi_1) + \cdots + a_n(\varphi_k, \varphi_n) = (\varphi_k, y), \quad k = 0, 1, \cdots, n \tag{5-3}$$

这个方程组称为正则方程组或法方程组，其矩阵形式表示为

$$\begin{bmatrix} (\varphi_0, \varphi_0) & (\varphi_0, \varphi_1) & \cdots & (\varphi_0, \varphi_n) \\ (\varphi_1, \varphi_0) & (\varphi_1, \varphi_1) & \cdots & (\varphi_1, \varphi_n) \\ \vdots & \vdots & & \vdots \\ (\varphi_n, \varphi_0) & (\varphi_n, \varphi_1) & \cdots & (\varphi_n, \varphi_n) \end{bmatrix} \begin{bmatrix} a_0 \\ a_1 \\ \vdots \\ a_n \end{bmatrix} = \begin{bmatrix} (\varphi_0, y) \\ (\varphi_1, y) \\ \vdots \\ (\varphi_n, y) \end{bmatrix}$$

该线性方程组的系数矩阵是对称矩阵。当 $\varphi_0, \varphi_1, \cdots, \varphi_n$ 线性无关时，方程组有唯一解，即

$$a_i = a_i^*, \quad i = 0, 1, 2, \cdots, n$$

此时，相应的拟合函数为

$$\varphi^*(x) = a_0^*\varphi_0(x) + a_1^*\varphi_1(x) + \cdots + a_n^*\varphi_n(x)$$

这就是满足误差平方和最小的最小二乘解。

对于带有权重的情形，用加权最小二乘法进行拟合。对于观测数据 (x_i, y_i)，$i = 1, 2, \cdots, m$，要求在函数空间 $\Phi(x)$ 中寻求一个函数 $\varphi(x)$，使

$$\sum_{i=1}^{m} \omega_i \varepsilon_i^2 = \sum_{i=1}^{m} \omega_i [\varphi(x_i) - y_i]^2$$

最小。其中，ω_i 为一组正数，反映不同数据特性的权重。此时，正则方程组仍如式（5-3）所示，即

$$a_0(\varphi_k, \varphi_0) + a_1(\varphi_k, \varphi_1) + \cdots + a_n(\varphi_k, \varphi_n) = (\varphi_k, y), \quad k = 0, 1, \cdots, n$$

其中

$$\begin{cases} (\varphi_k, \varphi_j) = \sum_{i=1}^{m} \omega_i \varphi_k(x_i)\varphi_j(x_i) \\ (\varphi_k, y) = \sum_{i=1}^{m} \omega_i \varphi_k(x_i)y_i \end{cases}$$

由以上讨论可得以下结论。

（1）对于给定数据 (x_i, y_i)，$i = 1, 2, \cdots, m$，在函数空间 $\Phi(x)$ 中存在唯一函数

$$\varphi^*(x) = a_0^* \varphi_0(x) + a_1^* \varphi_1(x) + \cdots + a_n^* \varphi_n(x)$$

使误差平方和最小。

（2）最小二乘解的系数 $a_0^*, a_1^*, \cdots, a_n^*$ 可通过解正则方程组，即式（5-3）求得。

（3）用最小二乘解 $\varphi^*(x)$ 拟合数据 (x_i, y_i)（$i = 1, 2, \cdots, m$）的平方误差为

$$\begin{aligned}
\| \delta \|_2^2 &= (\varphi^* - y, \varphi^* - y) \\
&= (\varphi^*, \varphi^*) - 2(\varphi^*, y) + (y, y) \\
&= (y, y) - (\varphi^*, \varphi^*)
\end{aligned}$$

5.1.2 直线拟合

设数据点 (x_i, y_i)，$i = 1, 2, \cdots, m$ 的分布大致为一条直线，利用最小二乘原理，构造拟合直线 $y = a + bx$，该直线不是通过所有数据点 (x_i, y_i)，而是使误差平方和

$$\sum_{i=1}^{m} [y_i - (a + bx_i)]^2$$

最小。

要确定参数 a 和 b，只需使式（5-3）中的

$$\varphi_0 = 1, \quad \varphi_1 = x$$

此时，正则方程组为

$$\begin{bmatrix} \sum\limits_{i=1}^{m} 1 & \sum\limits_{i=1}^{m} x_i \\ \sum\limits_{i=1}^{m} x_i & \sum\limits_{i=1}^{m} x_i^2 \end{bmatrix} \begin{bmatrix} a \\ b \end{bmatrix} = \begin{bmatrix} \sum\limits_{i=1}^{m} y_i \\ \sum\limits_{i=1}^{m} x_i y_i \end{bmatrix}$$

例 5-1 已知一组实验数据，如表 5-1 所示。

表 5-1　例 5-1 表

x_k	2	2.5	3	4	5	5.5
y_k	4	4.5	6	8	8.5	9

试用直线拟合这组数据（计算过程保留 3 位小数）。

解　设直线 $y = a_0 + a_1 x$，那么 a_0 和 a_1 满足的正则方程组为

$$\begin{cases} n a_0 + \left(\sum\limits_{k=1}^{n} x_k \right) a_1 = \sum\limits_{k=1}^{n} y_k \\ \left(\sum\limits_{k=1}^{n} x_k \right) a_0 + \left(\sum\limits_{k=1}^{n} x_k^2 \right) a_1 = \sum\limits_{k=1}^{n} x_k y_k \end{cases}$$

代入表 5-1 中的数据可得表 5-2。

表 5-2　结果

k	x_k	y_k	x_k^2	$x_k y_k$
1	2	4	4	8
2	2.5	4.5	6.25	11.25
3	3	6	9	18
4	4	8	16	32
5	5	8.5	25	42.5
6	5.5	9	30.25	49.5
$\sum$	22	40	90.5	161.25

故正则方程组为

$$\begin{cases} 6a_0 + 22a_1 = 40 \\ 22a_0 + 90.5a_1 = 161.25 \end{cases}$$

解得

$$a_0 = 1.229 , \quad a_1 = 1.483$$

因此所求直线方程为

$$y = 1.229 + 1.483x$$

5.1.3　超定方程组的最小二乘解

当线性方程组中方程的个数多于未知量的个数时,方程组通常不能用常规方法求解,这类方程组称为超定方程组,此时可求其最小二乘意义下的解,即最小二乘解。

线性方程组

$$\begin{cases} a_{11}x_1 + a_{12}x_2 + \cdots + a_{1n}x_n = b_1 \\ a_{21}x_1 + a_{22}x_2 + \cdots + a_{2n}x_n = b_2 \\ \quad\quad\quad\quad\vdots \\ a_{m1}x_1 + a_{m2}x_2 + \cdots + a_{mn}x_n = b_m \end{cases}$$

其中,$m > n$,方程组也可写为

$$\sum_{j=1}^{n} a_{ij}x_j = b_i , \quad i = 1, 2, \cdots, m$$

用最小二乘法求解时,定义误差

$$\delta_i = \sum_{j=1}^{n} a_{ij}x_j - b_i , \quad i = 1, 2, \cdots, m$$

则有

101

$$J = \sum_{i=1}^{m} \delta_i^2 = \sum_{i=1}^{m} \left[\sum_{j=1}^{n} a_{ij} x_j - b_i \right]^2$$

使 J 最小的 x_j（$j = 1, 2, \cdots, n$）称为最小二乘解。

由二次函数 J 取极值的必要条件

$$\frac{\partial J}{\partial x_k} = 0, \quad k = 0, 1, \cdots, n$$

可得正则方程组为

$$\sum_{j=1}^{n} \left(\sum_{i=1}^{m} a_{ij} a_{ik} \right) x_j = \sum_{i=1}^{n} a_{ik} b$$

正则方程组的解 x_j（$j = 1, 2, \cdots, n$）即超定方程组的最小二乘解。

例 5-2　求下列超定方程组的最小二乘解：

$$\begin{cases} x_1 - x_2 = 0 \\ x_1 + x_2 = 1 \\ x_1 + x_2 = 0 \end{cases}$$

解　将原方程组写成矩阵形式：

$$\begin{bmatrix} 1 & -1 \\ 1 & 1 \\ 1 & 1 \end{bmatrix} \begin{bmatrix} x_1 \\ x_2 \end{bmatrix} = \begin{bmatrix} 0 \\ 1 \\ 0 \end{bmatrix}$$

于是有

$$A = \begin{bmatrix} 1 & -1 \\ 1 & 1 \\ 1 & 1 \end{bmatrix}, \quad A^{\mathrm{T}} = \begin{bmatrix} 1 & 1 & 1 \\ -1 & 1 & 1 \end{bmatrix}, \quad b = \begin{bmatrix} 0 \\ 1 \\ 0 \end{bmatrix}$$

因此

$$A^{\mathrm{T}} A = \begin{bmatrix} 3 & 1 \\ 1 & 3 \end{bmatrix}, \quad (A^{\mathrm{T}} A)^{-1} = \frac{1}{8} \begin{bmatrix} 3 & -1 \\ -1 & 3 \end{bmatrix}$$

$$(A^{\mathrm{T}} A)^{-1} A^{\mathrm{T}} = \frac{1}{8} \begin{bmatrix} 4 & 2 & 2 \\ -4 & 2 & 2 \end{bmatrix}, \quad \begin{bmatrix} x_1 \\ x_2 \end{bmatrix} = (A^{\mathrm{T}} A)^{-1} A^{\mathrm{T}} b = \begin{bmatrix} \dfrac{1}{4} \\ \dfrac{1}{4} \end{bmatrix}$$

5.1.4　可线性化模型的最小二乘拟合

若变量之间的内在关系不是线性关系，则有时可以将其他变量看作 x 和 y 的函数，进而依然将其拟合为曲线，即若 $f(y) = a + bg(x)$，令 $\hat{y} = f(y)$，$\hat{x} = g(x)$，则上述关系可

表示为 $\hat{y} = a + b\hat{x}$。这样可把原来的非线性问题转化为线性问题。

例如，双曲线

$$\frac{1}{y} = a + b\frac{1}{x}$$

令 $\hat{y} = \dfrac{1}{y}$，$\hat{x} = \dfrac{1}{x}$，则可得

$$\hat{y} = a + b\hat{x}$$

又如，指数函数

$$y = a\mathrm{e}^{bx}$$

对等式两端取对数，有 $\ln y = \ln a + bx$，令 $\hat{y} = \ln y$，$\hat{a} = \ln a$，则指数函数转化为线性模型

$$\hat{y} = \hat{a} + bx$$

一些常用的可转化为线性模型的最小二乘拟合如表 5-3 所示。

表 5-3 一些常用的可转化为线性模型的最小二乘拟合

可线性化函数	转化关系	线性化拟合函数
$\dfrac{1}{y} = a + \dfrac{b}{x}$	$\hat{y} = \dfrac{1}{y}\ \hat{x} = \dfrac{1}{x}$	$\hat{y} = a + b\hat{x}$
$y = a + \dfrac{b}{x}$	$\hat{x} = \dfrac{1}{x}$	$y = a + b\hat{x}$
$y = ax^b$	$\hat{y} = \ln y\ \hat{x} = \ln x$	$\hat{y} = \ln a + b\hat{x}$
$y = a\mathrm{e}^{bx}$	$\hat{y} = \ln y$	$\hat{y} = \ln a + bx$
$y = a\mathrm{e}^{\frac{b}{x}}$	$\hat{y} = \ln y\ \hat{x} = \dfrac{1}{x}$	$\hat{y} = \ln a + b\hat{x}$
$y = \mathrm{e}^{a+bx}$	$\hat{y} = \ln y$	$\hat{y} = a + bx$
$y = a + b\ln x$	$\hat{x} = \ln x$	$y = a + b\hat{x}$
$y = \dfrac{1}{a + bx}$	$\hat{y} = \dfrac{1}{y}$	$\hat{y} = a + bx$
$y = \dfrac{x}{a + bx}$	$\hat{y} = \dfrac{1}{y}\ \hat{x} = \dfrac{1}{x}$	$\hat{y} = a + b\hat{x}$
$y = \dfrac{1}{a + b\mathrm{e}^x}$	$\hat{y} = \dfrac{1}{y}\ \hat{x} = \mathrm{e}^x$	$\hat{y} = a + b\hat{x}$

当然，要找到更符合实际情况的数据拟合，一方面，可以根据专门知识和经验来确定经验曲线的近似公式；另一方面，可以根据数据点画图来分析其形状和特点，选择合适的曲线进行拟合。

例 5-3 已知钢包容积 y 和使用次数 x 有如下数据：使用次数 $x = 2, 3, 4, 5, 7, 8, 10, 11, 14, 15, 16, 18, 19$ 时分别对应钢包容积 $y = 106.42, 108.20, 109.58, 109.50, 110.00, 109.93, 110.49, 110.59, 110.60, 110.90, 110.76, 111.00, 111.20$。试用双曲线

$$\frac{1}{y} = a + b\frac{1}{x}$$

进行最小二乘拟合。

解　对于双曲线

$$\frac{1}{y} = a + b\frac{1}{x}$$

令 $\hat{y} = \dfrac{1}{y}$，$\hat{x} = \dfrac{1}{x}$，则可得

$$\hat{y} = a + b\hat{x}$$

对于 $\hat{y}$ 和 $\hat{x}$，可用最小二乘原理求出 a 和 b 的值。

由公式

$$\begin{bmatrix} \sum\limits_{i=1}^{m} 1 & \sum\limits_{i=1}^{m} x_i \\ \sum\limits_{i=1}^{m} x_i & \sum\limits_{i=1}^{m} x_i^2 \end{bmatrix} \begin{bmatrix} a \\ b \end{bmatrix} = \begin{bmatrix} \sum\limits_{i=1}^{m} y_i \\ \sum\limits_{i=1}^{m} x_i y_i \end{bmatrix}$$

计算得

$$\begin{bmatrix} 13 & 2.050883 \\ 2.050883 & 0.5372180 \end{bmatrix} \begin{bmatrix} a \\ b \end{bmatrix} = \begin{bmatrix} 0.11826672 \\ 0.01883517 \end{bmatrix}$$

$$a = 0.008966, \quad b = 0.0008302$$

$$\hat{y} = 0.008966 + 0.0008302\hat{x}$$

$$y = \frac{x}{0.008966x + 0.0008302}$$

5.1.5　多变量的数据拟合

在实际工程问题中，常常包含多个自变量，即这些自变量共同作用对结果 y 产生影响。例如，有 n 个因素 $x_1, x_2, \cdots, x_n$，m 次实验的测量数据如表 5-4 所示。

表 5-4　测量数据

观测次数	x_1	x_2	$\cdots$	x_n	y
1	x_{11}	x_{21}	$\cdots$	x_{n1}	y_1
2	x_{12}	x_{21}	$\cdots$	x_{n2}	y_2
$\cdots$	$\cdots$	$\cdots$	$\cdots$	$\cdots$	$\cdots$
m	x_{1m}	x_{2m}	$\cdots$	x_{nm}	y_m

假定变量 y 与 n 个自变量 $x_1, x_2, \cdots, x_n$ 呈线性关系，选择拟合方程

$$\varphi(x) = a_0 + a_1 x_1 + \cdots + a_n x_n$$

可用最小二乘原理确定拟合方程的全部系数 $a_0, a_1, \cdots, a_n$。为此，令

$$J(a_0, a_1, \cdots, a_n) = \sum_{i=1}^{m} [\varphi(x_i) - y_i]^2$$

$$= \sum_{i=1}^{m} (a_0 + a_1 x_{1i} + a_2 x_{2i} + \cdots + a_n x_{ni} - y_i)^2$$

要使 J 最小，即

$$\frac{\partial J}{\partial a_k} = 0, \quad k = 0, 1, \cdots, n$$

有

$$\begin{cases} \dfrac{\partial J}{\partial a_0} = 2\sum_{i=1}^{m} (a_0 + a_1 x_{1i} + \cdots + a_n x_{ni} - y_i) = 0 \\[2mm] \dfrac{\partial J}{\partial a_1} = 2\sum_{i=1}^{m} (a_0 + a_1 x_{1i} + \cdots + a_n x_{ni} - y_i) x_{1i} = 0 \\[2mm] \quad\quad\quad\quad\quad\quad\vdots \\[2mm] \dfrac{\partial J}{\partial a_n} = 2\sum_{i=1}^{m} (a_0 + a_1 x_{1i} + \cdots + a_n x_{ni} - y_i) x_{ni} = 0 \end{cases}$$

整理得以下正则方程组：

$$\begin{bmatrix} m & \sum x_{1i} & \sum x_{2i} & \cdots & \sum x_{ni} \\ \sum x_{1i} & \sum x_{1i}^2 & \sum x_{1i} x_{2i} & \cdots & \sum x_{1i} x_{ni} \\ \vdots & \vdots & \vdots & & \vdots \\ \sum x_{ni} & \sum x_{ni} x_{1i} & \sum x_{ni} x_{2i} & \cdots & \sum x_{ni}^2 \end{bmatrix} \begin{bmatrix} a_0 \\ a_1 \\ \vdots \\ a_n \end{bmatrix} = \begin{bmatrix} \sum y_i \\ \sum x_{1i} y_i \\ \vdots \\ \sum x_{ni} y_i \end{bmatrix}$$

其中，$\displaystyle\sum$ 代表 $\displaystyle\sum_{i=1}^{m}$。求解该正则方程组即可求得 a_i，$i = 0, 1, \cdots, n$，就得到最小二乘解。

因为通常满足观测数据的数组大于自变量的个数（$m > n$），并假定任一自变量不能用其他自变量线性表示，所以正则方程组存在唯一解。

例 5-4　某化学反应放出的热量 y 和所用原料 x_1 与 x_2 之间有如表 5-5 所示的数据，用最小二乘法建立近似模型。

表 5-5　例 5-4 数据

i	1	2	3	4	5
x_{1i}	2	4	5	8	9
x_{2i}	3	5	7	9	12
y_i	48	50	51	55	56

解 选择近似模型

$$y^* = a_0 + a_1 x_1 + a_2 x_2$$

根据正则方程组

$$\begin{bmatrix} \sum 1 & \sum x_{1i} & \sum x_{2i} \\ \sum x_{1i} & \sum x_{1i}^2 & \sum x_{1i}x_{2i} \\ \sum x_{2i} & \sum x_{1i}x_{2i} & \sum x_{2i}^2 \end{bmatrix} \begin{bmatrix} a_0 \\ a_1 \\ a_2 \end{bmatrix} = \begin{bmatrix} \sum y_i \\ \sum x_{1i}y_i \\ \sum x_{2i}y_i \end{bmatrix}$$

计算可得

$$\begin{cases} 5a_0 + 28a_1 + 36a_2 = 260 \\ 28a_0 + 190a_1 + 241a_2 = 1495 \\ 36a_0 + 241a_1 + 308a_2 = 1918 \end{cases}$$

解得

$$a_0 = 45.4984, \quad a_1 = 1.3392, \quad a_2 = -0.1386$$

故该近似模型为

$$y^* = 45.4984 + 1.3392x_1 - 0.1386x_2$$

5.1.6 多项式拟合

若变量之间不是线性关系，则有时可以通过变量替换，将其转化成线性关系进行计算，但并不是所有关系都可以转化成线性关系，如抛物线不能通过变量替换转化成直线，这时需要用到多项式拟合。任何连续函数至少在一个比较小的邻域内可以用多项式任意逼近，从这个角度来说，在很多实际问题中，可以不管输入和输出诸因素的确切关系，而直接使用多项式进行拟合。因此，多项式拟合非常重要。

多项式拟合时，根据最小二乘原理，由式（5-2）直接取

$$\{\varphi_0(x), \varphi_1(x), \cdots, \varphi_n(x)\} = \{1, x, x^2, \cdots, x^n\}$$

进行拟合。

对于给定的一组数据 (x_i, y_i)，$i = 1, 2, \cdots, m$，寻求 n 次多项式

$$y = \sum_{k=0}^{n} a_k x^k$$

使性能指标

$$J(a_0, a_1, \cdots, a_n) = \sum_{i=1}^{m} \left(y_i - \sum_{k=0}^{n} a_k x_i^k \right)^2$$

最小。

性能指标 J 可以看作 a_k（$k = 0, 1, 2, \cdots, n$）的多元函数，故上述拟合多项式的构造问题可转化为多元函数的极值问题。令

$$\frac{\partial J}{\partial a_k} = 0$$

则正则方程组为

$$\begin{bmatrix} m & \sum x_i & \sum x_i^2 & \cdots & \sum x_i^n \\ \sum x_i & \sum x_i^2 & \sum x_i^3 & \cdots & \sum x_i^{n+1} \\ \vdots & \vdots & \vdots & & \vdots \\ \sum x_i^n & \sum x_i^{n+1} & \sum x_i^{n+2} & \cdots & \sum x_i^{2n} \end{bmatrix} \begin{bmatrix} a_0 \\ a_1 \\ \vdots \\ a_n \end{bmatrix} = \begin{bmatrix} \sum y_i \\ \sum x_i y_i \\ \vdots \\ \sum x_i^n y_i \end{bmatrix}$$

下面给出利用多项式进行最小二乘拟合的具体步骤。

（1）计算正则方程组的系数和常数项：

$$\sum x_i, \sum x_i^2, \cdots, \sum x_i^{2n}$$

$$\sum y_i, \sum x_i y_i, \sum x_i^2 y_i, \cdots, \sum x_i^n y_i$$

（2）通过正则方程组解出 $a_0^*, a_1^*, \cdots, a_n^*$，即得最小二乘拟合多项式：

$$a_0^* + a_1^* x + \cdots + a_n^* x^n$$

例 5-5　如表 5-6 所示，给定 函数 $y = f(x)$ 的实例数据表。

表 5-6　例 5-5 表

x_i	1	2	3	4	6	7	8
y_i	2	3	6	7	5	3	2

试用最小二乘法求二次拟合多项式。

解　设二次拟合多项式为

$$y = a_0 + a_1 x + a_2 x^2$$

则正则方程组为

$$\begin{bmatrix} 7 & \sum x_i & \sum x_i^2 \\ \sum x_i & \sum x_i^2 & \sum x_i^3 \\ \sum x_i^2 & \sum x_i^3 & \sum x_i^4 \end{bmatrix} \begin{bmatrix} a_0 \\ a_1 \\ a_2 \end{bmatrix} = \begin{bmatrix} \sum y_i \\ \sum x_i y_i \\ \sum x_i^2 y_i \end{bmatrix}$$

根据已知数据计算得

$$\begin{cases} 7a_0 + 31a_1 + 179a_2 = 28 \\ 31a_0 + 179a_1 + 1171a_2 = 121 \\ 179a_0 + 1171a_1 + 8147a_2 = 635 \end{cases}$$

解得

$$a_0 = -1.3185, \quad a_1 = 3.4321, \quad a_2 = -0.3864$$

因此二次拟合曲线为

$$y = -1.3185 + 3.4321x - 0.3864x^2$$

5.2 工程案例分析

例 5-6 水泥价格、广告费与利润问题。

推销商品的重要手段之一是做广告，而做广告要花钱，利弊得失如何估计，需要利用有关数学模型做定量讨论。

某建材公司有一大批水泥需要出售，根据以往统计资料，单价升高，销量会减少，具体数据如表 5-7 所示；如果做广告，则可使销量增加，具体增加量以销量提高因子 k 表示，k 与广告费的关系列于表 5-8 中。现在，已知水泥的进价是每吨 250 元。问如何确定该批水泥的单价和广告费，可使公司获利最大？

表 5-7　水泥预期销量与单价的关系

单价/（元/吨）	250	260	270	280	290	300	310	320
销量/万吨	200	190	176	150	139	125	110	100

表 5-8　销量提高因子 k 与广告费的关系

广告费/万元	0	60	120	180	240	300	360	420
销量提高因子 k	1.00	1.40	1.70	1.85	1.95	2.00	1.95	1.80

解　根据表 5-7 中的数据绘图，如图 5-1 所示。

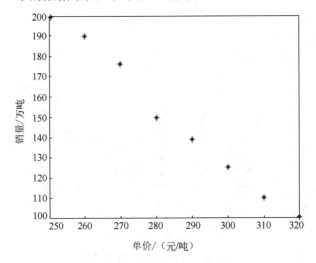

图 5-1　例 5-6 图 1

可以看出，销量与单价近似呈线性关系，因此可设

$$y = a + bx$$

利用最小二乘法，根据表 5-7 中的数据可得正则方程组为

$$\begin{bmatrix} 8 & 2280 \\ 2280 & 654000 \end{bmatrix}\begin{bmatrix} a \\ b \end{bmatrix} = \begin{bmatrix} 1190 \\ 332830 \end{bmatrix}$$

解此方程组，得到系数 $a = 577.6071$，$b = -1.5048$，即销量与单价的近似关系为 $y = 577.6071 - 1.5048x$，将此结果与原数据点画在同一幅图中，如图 5-2 所示。

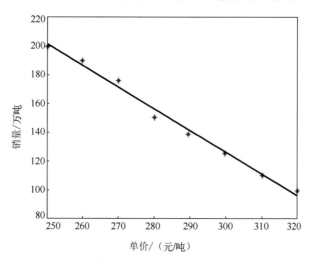

图 5-2 例 5-6 图 2

根据表 5-8 中的数据绘图，如图 5-3 所示。

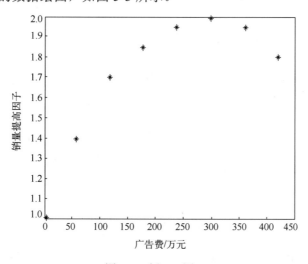

图 5-3 例 5-6 图 3

可以看出，销量提高因子与广告费近似呈二次关系，因此可设

$$k = d + ez + fz^2$$

利用最小二乘法，根据表 5-8 中的数据，可得正则方程组为

$$\begin{bmatrix} 8 & 1680 & 504000 \\ 1680 & 504000 & 169344000 \\ 504000 & 169344000 & 60600959990 \end{bmatrix} \begin{bmatrix} d \\ e \\ f \end{bmatrix} = \begin{bmatrix} 13.65 \\ 3147 \\ 952020 \end{bmatrix}$$

解此方程组得 $d = 1.0187$，$e = 6.8204 \times 10^{-3}$，$f = -1.1822 \times 10^{-5}$。将拟合多项式图形与原数据画在同一幅图中，观察拟合效果，如图 5-4 所示。

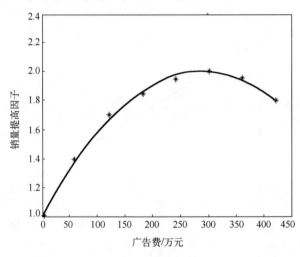

图 5-4　例 5-6 图 4

设实际销量为 S，则 $S = ky$。记水泥的进价单价为 c，于是利润 L 可以表示为

$$L = Sx - Sc - z = ky(x-c) - z$$
$$= (d + ez + fz^2)(a + bx)(x - c) - z$$

要求出利润的最大值，只需令

$$\frac{\partial L}{\partial x} = (d + ez + fz^2)(a - bc + 2bx) = 0$$
$$\frac{\partial L}{\partial z} = (e + 2fz)(a + bx)(x - c) - 1 = 0$$

代入数据，解得

$$\begin{cases} x = \dfrac{1}{2b}(bc - a) = 316.93 \\ z = \dfrac{1}{2f}\left[\dfrac{1}{(a + bx)(x - c)} - e \right] = 282.19 \end{cases}$$

进一步求出利润 L 的二阶偏导数：

$$A = \frac{\partial^2 L}{\partial x^2} = 2b(d + ez + fz^2)$$

$$B = \frac{\partial^2 L}{\partial x \partial z} = (e + 2fz)(a - bc + 2bx)$$

$$C = \frac{\partial^2 L}{\partial z^2} = 2f(a + bx)(x - c)$$

当 $x = 316.93$，$z = 282.19$ 时，显然有 $A < 0$，$B = 0$，$C < 0$，根据多元函数极值理论，在 $x = 316.93$，$z = 282.19$ 处，利润最大，最大利润 $L_{max} = 13209.4$ 万元。

从而，可以预计，将单价定为 316.93 元/吨，广告费为 282.19 万元，实际销量可望达到 2015779 吨，利润可望达到 13209.4 万元。

曲线拟合最小二乘法的 MATLAB 程序如下：

```
Function p=nafit(x, y, m)
% 多项式拟合
% p=nafit(x,y,m)，其中，x 和 y 为数据向量，m 为拟合多项式的次数
% p 返回多项式降幂排列
A= zeros(m+1, m+1);
for i=0 : m
  for j=0 : m
    A(i+1, j+1)=sum(x.^(i+j));
  end
  B(i+1)=sum(x.^i.*y);
end
a=A\B';  p= fliplr(a');
end
```

在 MATLAB 命令窗口执行以下命令：

```
>> x1=[250  260  270  280  290  300  310  320 ];
>> y1=[200  190  176  150  139  125  110  100 ];
>> x2=[0  60  120  180  240  300  360  420 ];
>> y2=[1.00 1.40 1.70 1.85 1.95 2.00 1.95 1.80];
>> nafit (x1, y1, 1)
>> nafit(x2, y2, 2)
```

得到

```
ans =
  -1.5048  577.6071
ans =
  -1.1822e-5   6.8204e-3   1.0187
```

扩展阅读：最小二乘法

最小二乘法由法国数学家阿德利昂·玛利·埃·勒让德（Adrien-Marie Legendre）于

1806 年提出。他于 1752 年出生，主要研究分析学（特别是椭圆积分理论）、数论、初等几何与天体力学，取得了很多成果。在关于行星形状和球体引力的研究中，他陈述了最小二乘法，提出了关于二次变分的"勒让德条件"。

1809 年，德国数学家高斯发表了《天体运动论》，并声称自己从 1795 年以来就使用了最小二乘法。因此，关于最小二乘法的发明者还存在争议。

1829 年，高斯提供了最小二乘法的优化效果强于其他方法的证明（高斯-马尔可夫定理），对最小二乘法的发展做出了贡献。

19 世纪和 20 世纪，最小二乘法得到了进一步发展与推广，成为统计学和数学建模的重要工具。它被广泛应用于各个领域，包括物理学、工程学、经济学、统计学等。

思考题

1．已知如表 5-9 所示的实验数据，用最小二乘法求拟合直线 $y = a + bx$。

表 5-9　思考题 1 表

x_i	0.0	0.2	0.4	0.6	0.8
y_i	0.9	1.9	2.8	3.3	4.2

2．已知如表 5-10 所示的实验数据，试求最小二乘拟合多项式。

表 5-10　思考题 2 表

x_i	1	2	3	4	5
y_i	4	4.5	6	8	8.5
ω_i	2	1	3	1	1

3．用最小二乘法求形如 $y = a + bx^2$ 的多项式，使之与如表 5-11 所示的数据拟合。

表 5-11　思考题 3 表

x_i	19	25	31	38	44
y_i	19.0	32.3	49.0	73.3	97.8

4．已知如表 5-12 所示的实验数据，试分别用二次和三次多项式进行最小二乘拟合，并比较其优劣。

表 5-12　思考题 4 表

x_i	−2	−1	0	1	2
y_i	−0.1	0.1	0.4	0.9	1.6

5．求超定方程组

$$
\begin{cases}
2x_1 + 4x_2 = 11 \\
3x_1 - 5x_2 = 3 \\
x_1 + 2x_2 = 6 \\
2x_1 + x_2 = 7
\end{cases}
$$

的最小二乘解，并求误差平方和。

6．已知数据如表 5-13 所示，试求拟合公式 $y = a\mathrm{e}^{bx}$。

表 5-13　思考题 6 表

x_i	1	2	3	4
y_i	60	30	20	15

7．已知数据如表 5-14 所示，试求拟合公式 $y = \dfrac{1}{a + bx}$。

表 5-14　思考题 7 表

x_i	1.0	1.4	1.8	2.2	2.6
y_i	0.931	0.473	0.297	0.224	0.168

8．设对于长度有测量值 $x_1, x_2, \cdots, x_n$，则取平均值

$$
\bar{x} = \frac{1}{n}(x_1 + x_2 + \cdots + x_n)
$$

作为长度值，用最小二乘原理说明其理由。

第 6 章
数值积分与数值微分

在科学研究与工程技术应用中，常要计算函数的微分或积分，然而，实践中提出的微积分问题并不是都能用高等数学中介绍的计算方法解决的。例如，高等数学中采用牛顿-莱布尼茨公式

$$\int_b^a f(x)\mathrm{d}x = F(b) - F(a)$$

求定积分的值，其中，$F(x)$ 是被积函数 $f(x)$ 的原函数，且要求 $f(x)$ 在区间 $[a,b]$ 上连续。该公式虽然在理论上或解决实际问题中都起了很大作用，但实际工程应用中很难利用这个公式计算定积分。

（1）从理论上来说，任何可积函数 $f(x)$ 都有原函数，但是有些即使形式上十分简单的函数，如 $\sin x^2$、$\dfrac{1}{\ln x}$、$\dfrac{\sin x}{x}$、e^{-x^2} 等，它们的原函数也无法用有限的初等函数表示出来，对于这类函数，就不能使用牛顿-莱布尼茨公式。

（2）有的被积函数的原函数虽然可以用初等函数表示成有限的形式，但是需要用很高的计算技巧才能找到原函数，其表达式可能相当复杂。例如，函数 $\dfrac{1}{1+x^4}$ 并不复杂，但是其原函数

$$\frac{1}{4\sqrt{2}}\ln\frac{x^2+\sqrt{2}x+1}{x^2-\sqrt{2}x+1} + \frac{1}{2\sqrt{2}}[\arctan(\sqrt{2}x+1) + \arctan(\sqrt{2}x-1)]$$

相当复杂。因此这种情况很难使用牛顿-莱布尼茨公式计算定积分的值。

（3）在科技工程实验中，由实验观测数据形成的被积函数 $f(x)$ 往往没有具体的解析表达式，仅用表格或图形给出一些观测点上的函数值。对于这种情况，牛顿-莱布尼茨公式也无法应用。

由此可见，在实际工程应用中，难以利用牛顿-莱布尼茨公式计算函数的微积分。另

外，虽然解析表达式很精确，但实际工作中只要达到工作需求的精度即可。因此本章研究计算微积分的近似方法——数值积分，即用数值方法求出积分的近似值。

　　本章的另一部分内容是数值微分。在微分学中，函数 $f(x)$ 的导数是根据导数的定义或求导法则求出的。如果函数以表格的形式给出，或者函数的表达式复杂，就不能用这些方法求导了，要研究用数值方法求函数的导数或微分。

6.1　数值积分

　　当找到一个有足够精度的简单函数 $p(x)$ 代替原函数 $f(x)$ 时，就有

$$\int_a^b f(x)\mathrm{d}x \approx \int_a^b p(x)\mathrm{d}x$$

这就是数值积分的基本思想，当简单函数 $p(x)$ 是插值多项式时，求积公式就是插值求积公式。

6.1.1　数值积分的基本思想

　　求定积分 $I(f)=\int_a^b f(x)\mathrm{d}x$ 在几何意义上即求曲线 $y=f(x)$ 与直线 $x=a$、$x=b$ 及 x 轴围成的曲边梯形面积，如图 6.1 所示。计算曲边梯形面积的关键困难在于这个曲边梯形有一条边（$y=f(x)$）是曲边。为此，在用简单函数近似代替曲边时，梯形面积容易计算，就可求出曲边梯形面积的近似值，从而得到积分的近似值，这就是数值积分的基本思想。

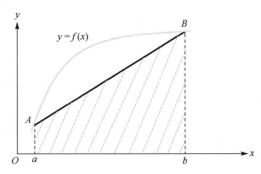

图 6-1　数值积分的几何意义

　　按照这种思想，若用直线段

$$y=f[\theta a+(1-\theta)b]，\quad \theta\in[0,1]$$

近似代替曲边，则可得矩形公式

$$\int_a^b f(x)\mathrm{d}x \approx (b-a)f[\theta a+(1-\theta)b]，\quad \theta\in[0,1] \tag{6-1}$$

当 $\theta=1,\dfrac{1}{2},0$ 时，分别称式（6-1）为左矩形公式、中矩形公式、右矩形公式。

若用过点 $A(a,f(a))$ 和 $B(b,f(b))$ 的直线段

$$y=f(a)+\frac{f(b)-f(a)}{b-a}(x-a),\quad x\in[a,b]$$

近似代替曲边，则可得梯形公式

$$\int_a^b f(x)\mathrm{d}x\approx\frac{b-a}{2}[f(a)+f(b)]\tag{6-2}$$

若用过点 $A(a,f(a))$、$C\left(\dfrac{a+b}{2},f\left(\dfrac{a+b}{2}\right)\right)$、$B(b,f(b))$ 的抛物线段近似代替曲边，则可得辛普森（Simpson）公式

$$\int_a^b f(x)\,\mathrm{d}x\approx\frac{b-a}{6}\left[f(a)+4f\left(\frac{a+b}{2}\right)+f(b)\right]\tag{6-3}$$

式（6-2）和式（6-3）是取积分区间 $[a,b]$ 上若干点 x_k 处的函数值 $f(x_k)$，通过加权后求和得到的近似值。数值求积公式的一般形式为

$$\int_a^b f(x)\,\mathrm{d}x\approx\sum_{k=0}^n A_k f(x_k)\tag{6-4}$$

其中，x_k 为求积节点（简称节点）；A_k 为求积系数，当积分区间 $[a,b]$ 确定后，它仅与节点 x_k 的选择有关，而与被积函数 $f(x)$ 无关。

这类近似求积公式称为数值求积公式或机械求积公式，其特点是直接利用积分区间 $[a,b]$ 上一些离散节点的函数值进行线性组合来近似计算定积分的值，从而将定积分的计算归结为函数值的计算，这就避开了寻求原函数的困难，并为使用计算机求积分提供了可行性。

6.1.2 代数精度

数值积分法是一种近似方法，若要保证精度，则自然希望数值求积公式对于"尽可能多"的函数是准确的，因此引入代数精度的概念。

定义 6-1（m 次代数精度） 如果某数值求积公式对于次数不超过 m 的多项式均能准确成立，但对于 $m+1$ 次多项式不能准确成立，则称该数值求积公式具有 m 次代数精度。

一般来说，代数精度越高，数值求积公式越准确。中矩形公式和梯形公式均具有 1 次代数精度，辛普森公式具有 3 次代数精度。下面以梯形公式为例进行验证。

（1）当取 $f(x)=1$ 时，$\int_a^b\mathrm{d}x=b-a$，$\dfrac{b-a}{2}(1+1)=b-a$，两端相等。

（2）当取 $f(x)=x$ 时，$\int_a^b x\mathrm{d}x=\dfrac{1}{2}(b^2-a^2)$，$\dfrac{b-a}{2}(a+b)=\dfrac{1}{2}(b^2-a^2)$，两端相等。

（3）当取 $f(x) = x^2$ 时，$\int_a^b x^2 \mathrm{d}x = \dfrac{1}{3}(b^3 - a^3)$，$\dfrac{b-a}{2}(a^2 + b^2) = \dfrac{1}{2}(a^2 + b^2)(b - a)$，两端不相等。

因此，梯形公式只有 1 次代数精度。

6.1.3 插值求积公式

用插值法构造求积公式，即根据节点处的函数值构造一个插值多项式 $p_n(x)$ 代替被积函数 $f(x)$，用插值多项式的积分作为被积函数积分的近似值，这样获得的积分公式称为插值求积公式。

设已知 $f(x)$ 在节点 x_k（$k = 0,1,\cdots,n$）处有函数值 $f(x_k)$，构造函数 $f(x)$ 的 n 次拉格朗日插值多项式

$$L(x) = \sum_{k=0}^{n} f(x_k) l_k(x)$$

其中

$$l_k(x) = \prod_{\substack{i=0 \\ i \neq k}}^{n} \frac{x - x_i}{x_k - x_i} = \frac{\omega(x)}{(x - x_k)\omega'(x_k)}$$

其中，$\omega(x) = (x - x_0)(x - x_1)\cdots(x - x_n)$。

$L(x)$ 易于求积，因此可取 $\int_a^b L(x)\mathrm{d}x$ 作为 $\int_a^b f(x)\mathrm{d}x$ 的近似值，即

$$\int_a^b f(x)\mathrm{d}x \approx \int_a^b L(x)\mathrm{d}x = \int_a^b \sum_{k=0}^{n} f(x_k) l_k(x)\mathrm{d}x$$

$$= \sum_{k=0}^{n} f(x_k) \int_a^b l_k(x)\mathrm{d}x = \sum_{k=0}^{n} f(x_k) A_k$$

其中，$A_k = \int_a^b l_k(x)\mathrm{d}x = \int_a^b \dfrac{\omega(x)}{(x - x_k)\omega'(x_k)}\mathrm{d}x$ 称为求积系数。由此给出插值求积公式的定义。

定义 6-2 求积公式为

$$\int_a^b f(x)\mathrm{d}x \approx \sum_{k=0}^{n} A_k f(x_k)$$

其求积系数

$$A_k = \int_a^b l_k(x)\mathrm{d}x \tag{6-5}$$

则称求积公式为插值求积公式。

设插值求积公式的插值余项为 $R[f]$，则由插值余项定理可得

$$R[f] = \int_a^b [f(x) - L(x)]\mathrm{d}x = \int_a^b \frac{f^{(n+1)}(\xi)}{(n+1)!}\omega(x)\mathrm{d}x \tag{6-6}$$

其中，$\xi \in [a,b]$ 是变量 x 的某个函数。由此可知，如果函数 $f(x)$ 为次数低于或等于 n 的多项式，则 $R[f]=0$，且 $\int_a^b f(x)\mathrm{d}x = \sum_{k=0}^n A_k f(x_k)$。

定理 6-1　$n+1$ 个互异节点的求积公式 $\int_a^b f(x)\mathrm{d}x \approx \sum_{k=0}^n A_k f(x_k)$ 为插值求积公式的充要条件是该公式至少有 n 次代数精度。

证　先证明必要性，即插值求积公式至少具有 n 次代数精度。

设求积公式为插值求积公式，因为对于 $f(x)=x^i$（$i=0,1,\cdots,n$），均有 $f^{(n+1)}(x)=0$，所以此时插值求积公式的插值余项为

$$R[f] = \int_a^b \frac{f^{(n+1)}(\xi)}{(n+1)!}\omega(x)\mathrm{d}x = 0$$

即求积公式对于 $f(x)=x^i$（$i=0,1,\cdots,n$）均能准确成立，故插值求积公式至少具有 n 次代数精度。

再证明充分性，即至少有 n 次代数精度的求积公式是插值求积公式。

插值基函数 $l_k(x)$ 在 $k=0,1,\cdots,n$ 时是 x 的 n 次多项式，即

$$l_k(x) = \frac{\omega(x)}{(x-x_k)\omega'(x_k)}, \quad k=0,1,\cdots,n$$

且

$$l_k(x_i) = \begin{cases} 0 & i \ne k \\ 1 & i = k \end{cases}$$

当取 $f(x)=l_k(x)$ 时，有

$$\int_a^b f(x)\mathrm{d}x = \int_a^b l_k(x)\mathrm{d}x = \sum_{i=0}^n A_i l_k(x_i)$$

因此

$$A_k = \int_a^b l_k(x)\mathrm{d}x$$

即有 n 次代数精度的求积公式为插值求积公式。

插值求积公式有如下特点。

（1）复杂函数 $f(x)$ 的积分转化为计算插值多项式的积分。

（2）求积系数只与积分区间及节点有关，而与被积函数无关，因此可以预先算定求积系数的值。

（3）$n+1$ 个互异节点的插值求积公式至少具有 n 次代数精度。

证　若求积公式对于 $f(x)=1,x,\cdots,x^n$ 均能准确成立，则有

$$\begin{cases} A_0 + A_1 + \cdots + A_n = b - a \\ A_0 x_0 + A_1 x_1 + \cdots + A_n x_n = \dfrac{b^2 - a^2}{2} \\ \qquad\qquad\vdots \\ A_0 x_0^n + A_1 x_1^n + \cdots + A_n x_n^n = \dfrac{1}{n+1}(b^{n+1} - a^{n+1}) \end{cases}$$

此式是关于未知量 $A_0, A_1, \cdots, A_n$ 的线性方程组，其系数矩阵的行列式是范德蒙德行列式。当 x_k 互异时，该系数矩阵的行列式不为零。由克拉默法则可知此线性方程组存在唯一解。因此由这 $n+1$ 个互异节点 $x_0, x_1, \cdots, x_n$ 确定的插值求积公式至少具有 n 次代数精度。

（4）求积系数之和为区间长度 $\displaystyle\sum_{k=0}^{n} A_k = b - a$。

证　$\displaystyle\int_a^b f(x)\mathrm{d}x \approx \int_a^b L(x)\mathrm{d}x = \sum_{k=0}^{n} A_k f(x_k)$，当节点有 $n+1$ 个时，插值求积公式有 n 次代数精度，对于 $f(x) = x^n$，上式严格相等，因此取 $f(x) = 1$ 时，上式也严格相等，故有

$$\int_a^b 1\mathrm{d}x = \sum_{k=0}^{n} A_k$$

即

$$A_0 + A_1 + \cdots + A_n = b - a$$

6.1.4　构造插值求积公式的步骤

（1）在积分区间 $[a, b]$ 上选取节点 x_k。

（2）求出 $f(x_k)$ 及 A_k，得到被积函数的数值积分，即 $\displaystyle\int_a^b f(x)\mathrm{d}x \approx \sum_{k=0}^{n} A_k f(x_k)$。

（3）用 $f(x) = x^{n+1}, \cdots$ 来验算代数精度，直到 x 的最高次数。

6.2　牛顿-柯特斯公式

求积区间内的节点等距分布时，得到的插值求积公式称为牛顿-柯特斯公式，常用的梯形公式和辛普森公式均为低阶的牛顿-柯特斯公式。

6.2.1　公式的导出

插值求积公式

$$\int_a^b f(x)\mathrm{d}x \approx \sum_{k=0}^{n} A_k f(x_k)$$

的求积系数为

$$A_k = \int_a^b l_k(x)\mathrm{d}x = \int_a^b \frac{\omega(x)}{(x-x_k)\omega'(x_k)}\mathrm{d}x = \int_a^b \prod_{\substack{i=0 \\ i \neq k}}^n \frac{x-x_i}{x_k-x_i}\mathrm{d}x$$

在区间 $[a,b]$ 上取 $n+1$ 个等距节点 $x_k = a+kh$ （ $k=0,1,\cdots,n$ ），其中步长 $h = \dfrac{b-a}{n}$ ，构造插值求积公式

$$\int_a^b f(x)\mathrm{d}x \approx (b-a)\sum_{k=0}^n C_k f(x_k) \tag{6-7}$$

此式称为牛顿-柯特斯公式，其中， $C_k = \dfrac{1}{b-a}A_k$ 称为柯特斯系数。

令 $x = a+th$ ，取 $x_i = a+ih$ ，则有

$$C_k = \frac{1}{b-a}\int_a^b \prod_{\substack{i=0 \\ i \neq k}}^n \frac{x-x_i}{x_k-x_i}\mathrm{d}x = \frac{1}{nh}\int_0^n \prod_{\substack{i=0 \\ i \neq k}}^n \frac{a+th-a-ih}{a+kh-a-ih}h\mathrm{d}t$$

$$C_k = \frac{1}{n}\int_0^n \prod_{\substack{i=0 \\ i \neq k}}^n \frac{t-i}{k-i}\mathrm{d}t , \quad k=0,1,\cdots,n \tag{6-8}$$

其中， t 是积分变量。

从式（6-8）中可以看出，柯特斯系数 C_k 与积分区间 $[a,b]$ 的端点 a 和 b 无关，与被积函数 $f(x)$ 也无关，只与积分区间 $[a,b]$ 的等分数 n 有关，只要 n 确定， C_k 就可以计算出来。

柯特斯系数 C_k 还可用如下方法求取。

由

$$\omega(x) = (x-x_0)(x-x_1)\cdots(x-x_n)$$
$$\omega(a+th) = (a+th-a)(a+th-a-h)\cdots(a+th-a-nh)$$
$$= h^{n+1}t(t-1)\cdots(t-n)$$
$$\omega'(x_k) = (x_k-x_0)\cdots(x_k-x_{k-1})(x_k-x_{k+1})\cdots(x_k-x_n)$$
$$\omega'(a+kh) = (a+kh-a)\cdots[a+kh-a-(k-1)h][(a+kh-a-(k+1)h)]\cdots(a+kh-a-nh)$$
$$= h^n k(k-1)\cdots1(-1)\cdots(k-n)$$
$$= h^n k!(-1)^{n-k}(n-k)!$$

可得

$$C_k = \frac{1}{b-a}\int_a^b \frac{\omega(x)}{(x-x_k)\omega'(x_k)}\mathrm{d}x$$

$$= \frac{1}{b-a}\int_0^n \frac{h^{n+1}t(t-1)\cdots(t-n)}{h(t-k)(-1)^{n-k}h^n k!(n-k)!}h\mathrm{d}t$$

$$= \frac{1}{n}\frac{(-1)^{n-k}}{k!(n-k)!}\int_0^n \frac{t(t-1)\cdots(t-n)}{t-k}\mathrm{d}t$$

即

$$C_k = \frac{(-1)^{n-k}}{n k!(n-k)!} \int_0^n \prod_{i=0}^n \frac{t-i}{t-k} \mathrm{d}t，\quad k = 0,1,\cdots,n \tag{6-9}$$

可见，两种求取方法所得的结果一致。

当 $n = 1$ 时，由式（6-9）得柯特斯系数为

$$C_0 = \frac{-1}{1 \cdot 0! \cdot 1!} \int_0^1 (t-1)\mathrm{d}t = \frac{1}{2}$$

$$C_1 = \int_0^1 t \mathrm{d}t = \frac{1}{2}$$

当 $n = 2$ 时，由式（6-9）得柯特斯系数为

$$C_0 = \frac{(-1)^2}{2 \cdot 0! \cdot 2!} \int_0^2 (t-1)(t-2)\mathrm{d}t = \frac{1}{6}$$

$$C_1 = \frac{(-1)^1}{2 \cdot 1! \cdot 1!} \int_0^2 t(t-2)\mathrm{d}t = \frac{2}{3}$$

$$C_2 = \frac{(-1)^0}{2 \cdot 2! \cdot 0!} \int_0^2 t(t-1)\mathrm{d}t = \frac{1}{6}$$

表 6-1 给出了 $n = 1,2,\cdots,8$ 时的柯特斯系数。

表 6-1　柯特斯系数表

n	C_k								
1	$\frac{1}{2}$	$\frac{1}{2}$							
2	$\frac{1}{6}$	$\frac{2}{3}$	$\frac{1}{6}$						
3	$\frac{1}{8}$	$\frac{3}{8}$	$\frac{3}{8}$	$\frac{1}{8}$					
4	$\frac{7}{90}$	$\frac{16}{45}$	$\frac{2}{15}$	$\frac{16}{45}$	$\frac{7}{90}$				
5	$\frac{19}{288}$	$\frac{25}{96}$	$\frac{25}{144}$	$\frac{25}{144}$	$\frac{25}{96}$	$\frac{19}{288}$			
6	$\frac{41}{840}$	$\frac{9}{35}$	$\frac{9}{280}$	$\frac{34}{105}$	$\frac{9}{280}$	$\frac{9}{35}$	$\frac{41}{840}$		
7	$\frac{751}{17280}$	$\frac{3577}{17280}$	$\frac{1323}{17280}$	$\frac{2989}{17280}$	$\frac{2989}{17280}$	$\frac{1323}{17280}$	$\frac{3577}{17280}$	$\frac{751}{17280}$	
8	$\frac{989}{28350}$	$\frac{5888}{28350}$	$-\frac{928}{28350}$	$\frac{10496}{28350}$	$-\frac{4540}{28350}$	$\frac{10496}{28350}$	$-\frac{928}{28350}$	$\frac{5888}{28350}$	$\frac{989}{28350}$

从表 6-1 中可以看出：

（1）柯特斯系数 C_k 之和为 1，即

$$\sum_{k=0}^n C_k = 1$$

因为

$$\sum_{k=0}^{n} C_k = \sum_{k=0}^{n} \frac{1}{b-a} \int_a^b l_k(x) \mathrm{d}x$$

$$= \frac{1}{b-a} \int_a^b \sum_{k=0}^{n} l_k(x) \mathrm{d}x = \frac{1}{b-a} \int_a^b 1 \mathrm{d}x = 1$$

（2）柯特斯系数 C_k 具有对称性，即

$$C_k = C_{n-k}$$

证　由表 6-1 可知，当 $n = 1, 2, \cdots, 8$ 时，柯特斯系数均具有对称性。

对一般情况而言，对

$$C_k = \frac{(-1)^{n-k}}{nk!(n-k)!} \int_0^n t(t-1) \cdots (t-k+1)(t-k-1) \cdots (t-n) \mathrm{d}t$$

进行变换

$$\mu = n - t$$

有

$$C_{n-k} = \frac{(-1)^{n-(n-k)}}{n(n-k)![n-(n-k)]!} \int_0^n (n-\mu)(n-\mu-1) \cdots$$

$$[n-\mu-(n-k)-1][n-\mu-(n-k)-2] \cdots$$

$$(-\mu+1)(n-\mu-n)\mathrm{d}(-\mu)$$

$$= \frac{(-1)^k}{n(n-k)! \, k!} \int_0^n (-1)^n (\mu-n) \cdots (\mu-k+1)(\mu-k-1) \cdots (\mu-1)\mu \mathrm{d}\mu$$

$$= \frac{(-1)^{n-k}(-1)^{2k}}{nk! \, (n-k)!} \int_0^n \mu(\mu-1) \cdots (\mu-k+1)(\mu-k-1) \cdots (\mu-n) \mathrm{d}\mu$$

$$= C_k$$

（3）当 $n \geqslant 8$ 时，柯特斯系数 C_k 出现负值，从而导致舍入误差急剧增大，因此，一般采用低阶的求积公式，即 n 的取值不得大于 8。

一阶（$n=1$）牛顿-柯特斯公式就是梯形公式：

$$T = \frac{b-a}{2}[f(a) + f(b)] \tag{6-10}$$

二阶（$n=2$）牛顿-柯特斯公式就是辛普森公式：

$$S = \frac{b-a}{6}[f(a) + 4f(c) + f(b)], \quad c = \frac{a+b}{2} \tag{6-11}$$

四阶（$n=4$）牛顿-柯特斯公式称为柯特斯公式：

$$C = \frac{b-a}{90}[7f(x_0) + 32f(x_1) + 12f(x_2) + 32f(x_3) + 7f(x_4)] \tag{6-12}$$

其中，$x_k = a + kh$，$k = 0, 1, 2, 3, 4$，$h = \dfrac{b-a}{4}$。

例 6-1 分别用梯形公式、辛普森公式和柯特斯公式计算定积分 $\int_{0.5}^{1} \sqrt{x}\mathrm{d}x$，并与积分的准确值进行比较。（计算结果保留 7 位有效数字。）

解 梯形公式：

$$\int_{0.5}^{1} \sqrt{x}\mathrm{d}x \approx \frac{1-0.5}{2}(\sqrt{0.5} + 1) = 0.4267767$$

辛普森公式：

$$\int_{0.5}^{1} \sqrt{x}\mathrm{d}x \approx \frac{1-0.5}{6}(\sqrt{0.5} + 4\sqrt{0.75} + 1) = 0.4309340$$

柯特斯公式：

$$\int_{0.5}^{1} \sqrt{x}\mathrm{d}x \approx \frac{1-0.5}{90}(7\sqrt{0.5} + 32\sqrt{0.625} + 12\sqrt{0.75} + 32\sqrt{0.875} + 7) = 0.4309641$$

准确值：

$$\int_{0.5}^{1} \sqrt{x}\mathrm{d}x = \frac{2}{3}x^{\frac{3}{2}}\Big|_{0.5}^{1} = 0.4309644$$

可见，3 个求积公式的精度依次提高，梯形公式有 2 位有效数字，辛普森公式有 4 位有效数字，柯特斯公式有 6 位有效数字。

6.2.2 牛顿-柯特斯公式的代数精度

由式（6-7）可知，牛顿-柯特斯公式是等距节点的插值求积公式，因此 n 阶牛顿-柯特斯公式至少具有 n 次代数精度。

定理 6-2 当 n 为偶数时，牛顿-柯特斯公式至少具有 $n+1$ 次代数精度。

证 当 $f(x)$ 为 n 次多项式时，$f^{(n+1)}(\xi) = 0$（$\xi \in [a,b]$），牛顿-柯特斯公式的代数精度大于或等于 n。若设 $f(x)$ 是一个 $(n+1)$ 次多项式，这时 $f^{(n+1)}(\xi)$ 为一常数，则插值余项为

$$R[f] = \int_{a}^{b}[f(x) - P_n(x)]\mathrm{d}x = \frac{f^{(n+1)}(\xi)}{(n+1)!}\int_{a}^{b}\prod_{j=0}^{n}(x - x_j)\mathrm{d}x$$

因此，只需验证当 n 为偶数时，$\int_{a}^{b}\prod_{j=0}^{n}(x - x_j)\mathrm{d}x = 0$，即求积公式的插值余项 $R[f] = 0$，上述定理即可得证。设 $x_{j+1} - x_j = h$（$j = 0,1,2,\cdots,n$），做变量代换，令 $x = a + th$，$x_j = a + jh$，$\mathrm{d}x = h\mathrm{d}t$，上式可化为

$$\int_{a}^{b}\prod_{j=0}^{n}(x - x_j)\,\mathrm{d}x = h^{n+2}\int_{0}^{n}\prod_{j=0}^{n}(t - j)\mathrm{d}t$$

因为 n 为偶数，所以令 $t = \mu + \dfrac{n}{2}$，进一步可得

$$R[f] = h^{n+2} \int_{-\frac{n}{2}}^{\frac{n}{2}} \prod_{j=0}^{n} \left(\mu + \frac{n}{2} - j \right) \mathrm{d}\mu$$

由被积函数为奇函数可知积分结果等于零，即 $R[f] = 0$，定理得证。

辛普森公式是 $n = 2$ 时的牛顿–柯特斯公式，至少有 3 次代数精度。容易证明，辛普森公式对 4 次多项式不能准确成立。取 $f(x) = x^4$，因为

$$\int_a^b x^4 \mathrm{d}x = \frac{1}{5}(b^5 - a^5) \neq \frac{b-a}{6} \left[b^4 + 4 \left(\frac{a+b}{2} \right)^4 + a^4 \right]$$

所以辛普森公式只有 3 次代数精度。

在几种低阶牛顿–柯特斯公式中，梯形公式因最简单而常被采用；此外，还常用 n 为偶数时精度高的辛普森公式和柯特斯公式。

6.2.3 梯形公式和辛普森公式的插值余项

求积公式的插值余项又称求积公式的截断误差，可用插值余项定量表示求积公式的精度。

牛顿–柯特斯公式的插值余项可用下式表示：

$$R[f] = \int_a^b \frac{f^{(n+1)}(\xi)}{(n+1)!} \prod_{j=0}^{n} (x - x_j) \mathrm{d}x$$

下面讨论低阶求积公式的插值余项。

定理 6-3 若 $f(x)$ 在区间 $[a,b]$ 上有连续的二阶导数，则梯形公式的插值余项为

$$R_{\mathrm{T}} = -\frac{(b-a)^3}{12} f''(\eta), \quad a \leqslant \eta \leqslant b \tag{6-13}$$

证 梯形公式的插值余项为

$$R_{\mathrm{T}} = \int_a^b \frac{f''(\xi)}{2} (x-a)(x-b) \mathrm{d}x$$

因为 $f''(\xi)$ 在区间 $[a,b]$ 上连续，而 $(x-a)(x-b)$ 在区间 $[a,b]$ 上不变号，即 $(x-a)(x-b) \leqslant 0$，所以，由推广的积分中值定理可知，存在 $\eta \in [a,b]$，使得

$$\int_a^b \frac{f''(\xi)}{2} (x-a)(x-b) \mathrm{d}x = \frac{f''(\eta)}{2} \int_a^b (x-a)(x-b)\, \mathrm{d}x = -\frac{(b-a)^3}{12} f''(\eta)$$

定理得证。

由此可以看出，梯形公式具有 1 次代数精度。梯形公式的插值余项与积分区间有关，当积分区间 $[a,b]$ 较大时，插值余项也较大。当 $f''(x) > 0$ 时，用梯形公式计算积分所得结果比积分准确值大，梯形面积大于积分的曲边梯形面积。

定理 6-4 若 $f(x)$ 在区间 $[a,b]$ 上有连续的四阶导数，则辛普森公式的插值余项为

$$R_S = -\frac{(b-a)^5}{2880} f^{(4)}(\eta), \quad a \leqslant \eta \leqslant b \tag{6-14}$$

证 构造次数不超过 3 的多项式 $H(x)$，使其满足

$$H(a) = f(a), \quad H(b) = f(b), \quad H\left(\frac{a+b}{2}\right) = f\left(\frac{a+b}{2}\right), \quad H'\left(\frac{a+b}{2}\right) = f'\left(\frac{a+b}{2}\right)$$

由于辛普森公式的代数精度为 3，因此它对于这样构造出的三次多项式 $H(x)$ 是准确成立的，即

$$\int_a^b H(x)\mathrm{d}x = \frac{b-a}{6}\left[H(a) + 4H\left(\frac{a+b}{2}\right) + H(b)\right]$$

故插值余项可表示为

$$R_S = \int_a^b [f(x) - H(x)]\mathrm{d}x = \int_a^b \frac{f^{(4)}(\xi)}{4!}(x-a)\left(x-\frac{a+b}{2}\right)^2(x-b)\mathrm{d}x$$

由于 $(x-a)\left(x-\dfrac{a+b}{2}\right)^2(x-b)$ 在区间 $[a,b]$ 上不变号，因此，根据积分中值定理，在 (a,b) 内存在一点 η，使得

$$R_S = \frac{f^{(4)}(\eta)}{4!}\int_a^b (x-a)\left(x-\frac{a+b}{2}\right)^2(x-b)\mathrm{d}x = -\frac{1}{2\,880}(b-a)^5 f^{(4)}(\eta)$$

类似地，当 $n=4$ 时，可得柯特斯公式的插值余项为

$$R_C = -\frac{8}{945}\left(\frac{b-a}{4}\right)^7 f^{(6)}(\eta), \quad a \leqslant \eta \leqslant b \tag{6-15}$$

例 6-2 用梯形公式和辛普森公式计算积分 $\int_1^2 \mathrm{e}^{\frac{1}{x}}\mathrm{d}x$ 的近似值，并估计其插值余项。

解 用梯形公式计算

$$\int_1^2 \mathrm{e}^{\frac{1}{x}}\mathrm{d}x \approx T = \frac{2-1}{2}\left(\mathrm{e} + \mathrm{e}^{\frac{1}{2}}\right) = 2.1835$$

$$f(x) = \mathrm{e}^{\frac{1}{x}}, \quad f'(x) = -\frac{1}{x^2}\mathrm{e}^{\frac{1}{x}}, \quad f''(x) = \left(\frac{2}{x^3} + \frac{1}{x^4}\right)\mathrm{e}^{\frac{1}{x}}$$

$$\max_{1 \leqslant x \leqslant 2}|f''(x)| = f''(1) = 8.1548$$

估计插值余项

$$|R_T| \leqslant \frac{(2-1)^3}{12}\max_{1 \leqslant x \leqslant 2}|f''(x)| = 0.6796$$

用辛普森公式计算

$$\int_1^2 e^{\frac{1}{x}} dx \approx S = \frac{2-1}{6}\left(e + 4e^{\frac{1}{1.5}} + e^{\frac{1}{2}}\right) = 2.0236$$

$$f^{(4)}(x) = \left(\frac{1}{x^8} + \frac{12}{x^7} + \frac{36}{x^6} + \frac{24}{x^5}\right)e^{\frac{1}{x}}$$

$$\max_{1 \leqslant x \leqslant 2}\left|f^{(4)}(x)\right| = f^{(4)}(1) = 198.43$$

估计插值余项

$$|R_S| \leqslant \frac{(2-1)^5}{2880} \max_{1 \leqslant x \leqslant 2}\left|f^{(4)}(x)\right| = 0.06890$$

可见，辛普森公式的精度比梯形公式的精度高。

6.2.4　牛顿-柯特斯公式的稳定性

前面提到，在数值计算中，初始数据的误差和计算过程中产生的误差都会对计算结果产生影响，如果计算结果对这些误差的影响不敏感，则认为算法是稳定的，否则是不稳定的。

在数值积分中，假设 $f(x_k)$ 为各节点上的函数值的准确值，将计算得到的函数值 $\overline{f}(x_k)$ 作为 $f(x_k)$ 的近似值，有 $f(x_k) \approx \overline{f}(x_k)$，此时误差 $\delta_k = f(x_k) - \overline{f}(x_k)$，$k = 0,1,2,\cdots,n$。

若记和式

$$I[f] = (b-a)\sum_{k=0}^{n} C_k f(x_k)$$

$$I[\overline{f}] = (b-a)\sum_{k=0}^{n} C_k \overline{f}(x_k)$$

则求积公式产生的误差为 $|I[f] - I[\overline{f}]|$，如果该误差小于或等于给定正数 ε，即

$$|I[f] - I[\overline{f}]| = |b-a|\left|\sum_{k=0}^{n} C_k f(x_k) - \sum_{k=0}^{n} C_k \overline{f}(x_k)\right| \leqslant \varepsilon$$

则表明计算结果的误差可控，求积公式是稳定的。由此给出如下定义。

定义 6-3　对于给定的任意 $\varepsilon > 0$，若存在 $\delta > 0$，只要 $|f(x_k) - \overline{f}(x_k)| \leqslant \delta$，$k = 0,1,2,\cdots,n$，就有

$$|I[f] - I[\overline{f}]| = |b-a|\left|\sum_{k=0}^{n} C_k f(x_k) - \sum_{k=0}^{n} C_k \overline{f}(x_k)\right| \leqslant \varepsilon$$

此时，牛顿-柯特斯公式

$$\int_a^b f(x)\,dx \approx (b-a)\sum_{k=0}^{n} C_k f(x_k)$$

是稳定的。

定理 6-5　牛顿-柯特斯公式的柯特斯系数 $C_k > 0$（$k = 0,1,\cdots,n$）时，求积公式是稳定的。

证　由于 $C_k > 0$，$\left| f(x_k) - \overline{f}(x_k) \right| \leq \delta$（$k = 0,1,2,\cdots,n$），且 $\sum\limits_{k=0}^{n} C_k = 1$，因此有

$$\left| I[f] - I[\overline{f}] \right| = \left| (b-a) \sum_{k=0}^{n} C_k [f(x_k) - \overline{f}(x_k)] \right|$$

$$\leq \delta(b-a) \sum_{k=0}^{n} C_k = \delta(b-a)$$

故对于任意的 $\varepsilon > 0$，取 $\delta = \dfrac{\varepsilon}{b-a}$，只要 $\delta_k = | f(x_k) - \overline{f}(x_k) | \leq \delta$，就有

$$| I[f] - I[\overline{f}] | \leq \delta(b-a) \leq \varepsilon$$

即牛顿-柯特斯公式是稳定的。

由表 6-1 可知，当 $n \geq 8$ 时，柯特斯系数有正有负，误差得不到控制，此时牛顿-柯特斯公式是不稳定的。因此在实际计算时，很少使用高阶牛顿-柯特斯公式。

6.3　复化求积法

由梯形公式、辛普森公式及柯特斯公式的插值余项可以看出，数值求积公式的误差除与被积函数有关外，还与积分区间的长度有关。积分区间的长度越大，数值求积公式的插值余项越大，而采用高阶牛顿-柯特斯公式不具有稳定性。因此，在实际求积分时，往往不采用高阶牛顿-柯特斯公式，而是将积分区间等分为若干小区间，先在每个小区间上采用低阶牛顿-柯特斯求积公式，然后利用积分区间的可加性把各区间的积分值累加起来，从而得到整个积分区间上的求积公式，这就是复化求积法。

将积分区间 $[a,b]$ 分成 n 等份，每份称为一个子区间，其长度 $h = \dfrac{b-a}{n}$，分点为 $x_k = a + kh$，$k = 0,1,\cdots,n$。复化求积法就是利用区间 $[a,b]$ 上的积分值等于每个子区间 $[x_k, x_{k+1}]$ 的积分值之和，即

$$\int_a^b f(x)\,\mathrm{d}x = \sum_{k=0}^{n-1} \int_{x_k}^{x_{k+1}} f(x)\,\mathrm{d}x$$

来求积的。

6.3.1　复化梯形公式

在子区间 $[x_k, x_{k+1}]$ 上应用梯形公式，即式（6-10），可得以下复化梯形公式：

$$T_n = \sum_{k=0}^{n-1} \frac{h}{2} [f(x_k) + f(x_{k+1})]$$

展开整理后，有

$$T_n = \frac{h}{2}\left[f(a) + 2\sum_{k=1}^{n-1}f(x_k) + f(b)\right] \tag{6-16}$$

当 $f(x)$ 在区间 $[a,b]$ 上有连续的二阶导数时，在子区间 $[x_k, x_{k+1}]$ 上，梯形公式的插值余项已知为

$$R_{T_k} = -\frac{h^3}{12}f''(\eta_k), \quad x_k \le \eta_k \le x_{k+1}$$

故在区间 $[a,b]$ 上的插值余项为

$$R_T = \sum_{k=1}^{n}R_{T_k} = -\frac{h^3}{12}\sum_{k=1}^{n}f''(\eta_k) = -\frac{h^2}{12}(b-a)\frac{1}{n}\sum_{k=1}^{n}f''(\eta_k)$$

设 $f''(x)$ 在区间 $[a,b]$ 上连续，则由连续函数的中值定理可知，在区间 $[a,b]$ 上存在一点 $\eta \in [a,b]$，使

$$\frac{1}{n}\sum_{k=1}^{n}f''(\eta_k) = f''(\eta), \quad a \le \eta \le b$$

因此，复化梯形公式的插值余项为

$$R_T = -\frac{h^3}{12}nf''(\eta) = -\frac{(b-a)}{12}h^2f''(\eta), \quad a \le \eta \le b \tag{6-17}$$

6.3.2　复化辛普森公式

在子区间 $[x_k, x_{k+1}]$ 上应用辛普森公式，即式（6-11），可得

$$\begin{aligned}
S_n &= \sum_{k=0}^{n-1}\frac{h}{6}\left[f(x_k) + 4f\left(x_{k+\frac{1}{2}}\right) + f(x_{k+1})\right] \\
&= \frac{h}{6}\left[f(a) + 4\sum_{k=0}^{n-1}f\left(x_{k+\frac{1}{2}}\right) + 2\sum_{k=1}^{n-1}f(x_k) + f(b)\right]
\end{aligned} \tag{6-18}$$

其中，$x_{k+\frac{1}{2}}$ 指的是区间 $[x_k, x_{k+1}]$ 的中点 $x_k + \frac{h}{2}$。式（6-18）称为复化辛普森公式，也称复化辛普森求积公式。为了便于编写程序，将其改写为

$$S_n = \frac{h}{6}\left\{f(a) - f(b) + \sum_{k=1}^{n}\left[4f\left(x_{k-\frac{1}{2}}\right) + 2f(x_k)\right]\right\}$$

当 $f(x)$ 在区间 $[a,b]$ 上有连续的四阶导数时，在子区间 $[x_k, x_{k+1}]$ 上的辛普森公式的插值余项为

$$R_{S_k} = -\frac{h^5}{2880}f^{(4)}(\eta_k), \quad x_k \le \eta_k \le x_{k+1}$$

在区间 $[a,b]$ 上的插值余项为

$$R_S = -\frac{b-a}{2880}h^4 f^{(4)}(\eta), \quad a \leq \eta \leq b \tag{6-19}$$

例 6-3　分别用 $n=8$ 的复化梯形公式和 $n=4$ 的复化辛普森公式计算定积分 $I = \int_0^1 \frac{\sin x}{x}\,\mathrm{d}x$。

解　（1）复化梯形公式。

当 $n=8$ 时，$h=\frac{1}{8}$，由复化梯形公式，即式（6-16）可得

$$T_8 = \frac{1}{16}\big[f(0) + 2f(0.125) + 2f(0.25) + 2f(0.375) + 2f(0.5) +$$
$$2f(0.625) + 2f(0.75) + 2f(0.875) + f(1)\big] = 0.9456909$$

（2）复化辛普森公式。

当 $n=4$ 时，$h=\frac{1}{4}$，由复化辛普森公式，即式（6-18）可得

$$S_4 = \frac{1}{24}\big\{f(0) + 2[f(0.25) + f(0.5) + f(0.75)] +$$
$$4[f(0.125) + f(0.375) + f(0.625) + f(0.875)] + f(1)\big\} = 0.9460832$$

准确值：

$$I = \int_0^1 \frac{\sin x}{x}\,\mathrm{d}x = 0.9460831$$

与准确值相比，复化梯形公式有 2 位有效数字，复化辛普森公式有 6 位有效数字。以上两种数值求积方法都需要计算 9 个点处的函数值，计算量基本相当，但精度差别非常大，因此，选择好的数值求积方法非常重要，只需较少的计算量即可满足计算需求或在具有相同计算量的情况下使结果的精度更高。

例 6-4　将区间 $[0,1]$ n 等分后，分别用复化梯形公式和复化辛普森公式计算定积分 $I = \int_0^1 \mathrm{e}^x\,\mathrm{d}x$，要求误差不超过 $\frac{1}{2}\times 10^{-5}$，$n$ 应该分别取多大？

解　取 $f(x) = \mathrm{e}^x$，则

$$f''(x) = \mathrm{e}^x, \quad f^{(4)}(x) = \mathrm{e}^x$$

区间长度 $b-a=1$，由式（6-17）可得复化梯形公式的插值余项为

$$|R_T| = \left|-\frac{(b-a)}{12}h^2 f''(\eta)\right| \leq \frac{1}{12}\left(\frac{1}{n}\right)^2 \mathrm{e} \leq \frac{1}{2}\times 10^{-5}$$

即 $n^2 \geq \frac{\mathrm{e}}{6}\times 10^5$，$n \geq 212.85$，取 $n=213$，即将区间 $[0,1]$ 213 等分后，用复化梯形公式进行计算的误差不超过 $\frac{1}{2}\times 10^{-5}$。

用复化辛普森公式计算时，由式（6-19）可得其插值余项满足以下条件：

$$\left| R_\mathrm{S} \right| = \left| -\frac{b-a}{2880} h^4 f^{(4)}(\eta) \right| \leqslant \frac{1}{2880} \left(\frac{1}{n} \right)^4 \mathrm{e} \leqslant \frac{1}{2} \times 10^{-5}$$

即 $n^4 \geqslant \dfrac{\mathrm{e}}{144} \times 10^4$ ， $n \geqslant 3.706$ ， 取 $n=4$ ，即将区间 $[0,1]$ 4 等分后，用复化辛普森公式进行计算的误差不超过 $\dfrac{1}{2} \times 10^{-5}$ 。

6.4 变步长梯形求积法和龙贝格算法

在数值积分中，精度是一个重要的考量因素。复化梯形公式与复化辛普森公式使求积精度得到了改善，但在使用复化求积公式前，必须先给定合适的步长，步长取得太大，计算精度难以保证；步长取得太小，会导致计算量增加，并且积累误差也会增大，而事先给出一个合适的步长往往很难实现。

为了解决上述问题，在实际应用中，当一次计算精度不够时，通常采用变步长求积法，即在步长逐次分半（步长二分）的过程中，反复利用复化求积公式进行计算，直到所求得的积分值满足精度要求。下面以复化梯形公式为例，简要介绍变步长求积法的基本思想。

6.4.1 变步长梯形求积法

对积分区间 $[a,b]$ 进行 n 等分，分点为 $x_k = a + kh$ ， $k = 0,1,\cdots,n$ ，步长 $h = \dfrac{b-a}{n}$ ，对于子区间 $[x_k, x_{k+1}]$ ，利用梯形法求积分近似值：

$$\frac{h}{2}[f(x_k) + f(x_{k+1})]$$

对于区间 $[a,b]$ ，有

$$T_n = \sum_{k=0}^{n-1} \frac{h}{2}[f(x_k) + f(x_{k+1})]$$

对于子区间 $[x_k, x_{k+1}]$ ，取其中点 $x_{k+\frac{1}{2}} = \dfrac{1}{2}(x_k + x_{k+1})$ 作为新分点，此时区间数增加了一倍，为 $2n$ ，子区间 $[x_k, x_{k+1}]$ 的积分近似值为

$$\frac{h}{4}\left[f(x_k) + 2f\left(x_{k+\frac{1}{2}} \right) + f(x_{k+1}) \right]$$

对于区间 $[a,b]$ ，有

$$\begin{aligned}
T_{2n} &= \sum_{k=0}^{n-1} \frac{h}{4}\left[f(x_k) + 2f\left(x_{k+\frac{1}{2}} \right) + f(x_{k+1}) \right] \\
&= \frac{h}{4}\sum_{k=0}^{n-1}[f(x_k) + f(x_{k+1})] + \frac{h}{2}\sum_{k=0}^{n-1} f\left(x_{k+\frac{1}{2}} \right)
\end{aligned}$$

比较 T_n 和 T_{2n}，有

$$T_{2n} = \frac{T_n}{2} + \frac{h}{2} \sum_{k=0}^{n-1} f\left(x_{k+\frac{1}{2}}\right) \tag{6-20}$$

其中，$h = \dfrac{b-a}{n}$ 是 n 等分时的步长，即二分前的步长，二分时的中点 $x_{k+\frac{1}{2}} = a + \left(k + \dfrac{1}{2}\right)h$，

$k = 0,1,\cdots,n-1$。

由此可以看出，为了计算二分后的积分值，只要计算新增的分点值 $f\left(x_{k+\frac{1}{2}}\right)$ 就可以

了，而原来分点的函数值不需要重新计算，因为它已经包含在第一项中。式（6-20）称为变步长梯形公式，它和定步长的复化梯形公式没有本质区别，只是在计算过程中将积分区间逐次二分。

用变步长梯形求积法求得 T_{2n} 和 T_n 后，判断二分前后两次积分近似值之差的绝对值是否小于规定的误差 ε，若有

$$\left| T_{2n} - T_n \right| < \varepsilon$$

则取 T_{2n} 为所求结果，否则继续二分，直到满足要求。变步长梯形求积法以梯形公式为基础，逐步减小步长，以达到所要求的精度。

图 6-2 所示为变步长梯形求积法的算法框图，其中，T_1 和 T_2 分别代表二分前后的积分值。

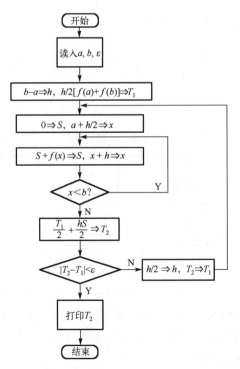

图 6-2　变步长梯形求积法的算法框图

例 6-5 用变步长梯形求积法计算 $\int_0^1 \frac{\sin x}{x} \mathrm{d}x$ 。

解 首先对区间 $[0,1]$ 应用梯形公式，对于 $f(x) = \frac{\sin x}{x}$ ，$f(0) = 1$ ，$f(1) = 0.8414710$ ，因此有

$$T_1 = \frac{1}{2}[f(0) + f(1)] = 0.9207355$$

然后将区间二分，并求出中点的函数值 $f\left(\frac{1}{2}\right) = 0.9588511$ ，从而利用变步长梯形公式递推得

$$T_2 = \frac{1}{2}T_1 + \frac{1}{2}f\left(\frac{1}{2}\right) = 0.9397933$$

进一步二分求积区间，并计算新分点上的函数值 $f\left(\frac{1}{4}\right) = 0.9896158$ ，$f\left(\frac{3}{4}\right) = 0.9088517$ ，从而得到

$$T_4 = \frac{1}{2}T_2 + \frac{1}{4}\left[f\left(\frac{1}{4}\right) + f\left(\frac{3}{4}\right)\right] = 0.9445135$$

再二分一次，计算新分点上的函数值 $f\left(\frac{1}{8}\right) = 0.9973979$ ，$f\left(\frac{3}{8}\right) = 0.9767267$ ，$f\left(\frac{5}{8}\right) = 0.9361556$ ，$f\left(\frac{7}{8}\right) = 0.8771926$ ，此时有

$$T_8 = \frac{1}{2}T_4 + \frac{1}{8}\left[f\left(\frac{1}{8}\right) + f\left(\frac{3}{8}\right) + f\left(\frac{5}{8}\right) + f\left(\frac{7}{8}\right)\right] = 0.9456909$$

这样不断二分下去，计算结果如表 6-2 所示（k 代表二分次数，区间等分数 $n = 2^k$）。

表 6-2　计算结果

k	T_n	k	T_n
0	0.9207355	6	0.9460769
1	0.9397933	7	0.9460815
2	0.9445135	8	0.9460827
3	0.9456909	9	0.9460830
4	0.9459850	10	0.9460831
5	0.9460596	—	—

积分的准确值为 0.9460831，用变步长梯形求积法二分 10 次可得到这个结果（见表 6-2）。梯形公式的算法较简单，但精度较差且收敛速度慢。因此如何加快收敛速度，从而减小计算量是值得思考的问题。

6.4.2　龙贝格算法

龙贝格（Romberg）算法也称逐次分半加速法，它是在复化梯形公式误差估计的基础上应用线性外推的方法构造出的一种加速算法。

当把积分区间 n 等分，并用复化梯形公式计算积分 I 的近似值 T_n 时，截断误差（插值余项）为

$$R_n = I - T_n = -\frac{b-a}{12}\left(\frac{b-a}{n}\right)^2 f''(\xi_n)$$

若把区间 $2n$ 等分，则 I 的近似值为 T_{2n}，此时的截断误差为

$$R_{2n} = I - T_{2n} = -\frac{b-a}{12}\left(\frac{b-a}{2n}\right)^2 f''(\xi_{2n})$$

当 $f''(x)$ 在区间 $[a,b]$ 上变化不大时，有

$$f''(\xi_n) \approx f''(\xi_{2n})$$

这样，当步长二分后，误差将减至原来的 $\frac{1}{4}$，即

$$\frac{R_{2n}}{R_n} = \frac{I - T_{2n}}{I - T_n} \approx \frac{1}{4}$$

将上式移项整理得

$$I - T_{2n} \approx \frac{1}{3}(T_{2n} - T_n) \tag{6-21}$$

$$I \approx T_{2n} + \frac{1}{3}(T_{2n} - T_n) = \frac{4}{3}T_{2n} - \frac{1}{3}T_n = \bar{T}$$

由此可见，只要二分前后两个积分值 T_n 与 T_{2n} 相当接近，就可以保证计算结果 T_{2n} 的误差很小，使 T_{2n} 接近 I。由式（6-21）可知，积分近似值 T_{2n} 的误差大致等于 $\frac{1}{3}(T_{2n} - T_n)$，当用这个误差对 T_{2n} 进行修正时，得到的积分值记为 $\bar{T}$，$\bar{T}$ 作为数值积分比 T_{2n} 更接近 I，即

$$\bar{T} = \frac{4}{3}T_{2n} - \frac{1}{3}T_n \tag{6-22}$$

由例 6-5 可知，对于所求得的两个积分近似值 $T_4 = 0.9445135$ 和 $T_8 = 0.9456909$，它们的精度都很差（与 $I = 0.9460831$ 相比只分别有 2 位、3 位有效数字），但如果将它们按式（6-22）做线性组合，则此时新的近似值 $\bar{T} = \frac{4}{3}T_8 - \frac{1}{3}T_4 = 0.9460834$ 有 6 位有效数字。

将复化梯形公式

$$T_n = \frac{h}{2}\left[f(a) + 2\sum_{k=1}^{n-1} f(x_k) + f(b) \right]$$

与梯形变步长求积公式

$$T_{2n} = \frac{T_n}{2} + \frac{h}{2}\sum_{k=0}^{n-1} f\left(x_{k+\frac{1}{2}} \right)$$

代入式（6-22），可得复化辛普森公式

$$\overline{T} = \frac{h}{6}\left[f(a) + 4\sum_{k=1}^{n-1} f\left(x_{k+\frac{1}{2}} \right) + 2\sum_{k=1}^{n-1} f(x_k) + f(b) \right] = S_n$$

即

$$S_n = \frac{4}{3}T_{2n} - \frac{1}{3}T_n \tag{6-23}$$

由此可知，用梯形法二分前后的两个梯形值 T_n 和 T_{2n} 进行线性外推，结果得到辛普森公式的积分值 S_n。将误差由 $O(h^2)$ 变为 $O(h^4)$，从而提高了逼近精度。

下面考虑复化辛普森公式，其截断误差与 h^4 成正比，$R_{S_n} = I - S_n = O(h^4)$。因此将步长折半，误差将大致减至原来的 1/16，即有

$$\frac{I - S_{2n}}{I - S_n} \approx \frac{1}{16}$$

由此可以得到

$$I \approx \frac{16}{15}S_{2n} - \frac{1}{15}S_n$$

不难验证，上式右端其实就是 C_n。也就是说，对用复化辛普森公式二分前后的两次积分值 S_n 和 S_{2n} 按上式进行线性组合，结果得到复化柯特斯公式的积分值 C_n，即有

$$C_n = \frac{16}{15}S_{2n} - \frac{1}{15}S_n \tag{6-24}$$

这时误差由 $O(h^4)$ 变为 $O(h^6)$，进一步提高了逼近精度。

重复同样的过程，由复化柯特斯公式可以进一步导出龙贝格公式：

$$R_n = \frac{64}{63}C_{2n} - \frac{1}{63}C_n \tag{6-25}$$

R_n 逼近积分值的误差为 $O(h^8)$，这时误差由 $O(h^6)$ 变为 $O(h^8)$，逼近精度再次得到提高。

在步长二分的过程中，运用式（6-23）～式（6-25），就能将粗糙的复化梯形公式的近似值 T_n 逐步加工成精度较高的龙贝格积分近似值 R_n，或者说，将收敛缓慢的梯形序

列加工成收敛迅速的龙贝格序列，这种加速方法称为龙贝格算法，如表 6-3 所示。利用上述方法还可继续加快收敛速度，但加速效果不明显，因此通常加速到龙贝格序列。

表 6-3 龙贝格算法

k	区间等分数 $n=2^k$	梯形序列 T_{2^k}	辛普森序列 $S_{2^{k-1}}$	柯特斯序列 $C_{2^{k-2}}$	龙贝格序列 $R_{2^{k-3}}$
0	1	T_1			
1	2	T_2	S_1		
2	4	T_4	S_2	C_1	
3	8	T_8	S_4	C_2	R_1
4	16	T_{16}	S_8	C_4	R_2
5	32	T_{32}	S_{16}	C_8	R_4

例 6-6 用龙贝格算法计算 $\int_0^1 \dfrac{\sin x}{x}\,\mathrm{d}x$。

解 由例 6-5 可知

$$T_1 = 0.9207355，\quad T_2 = 0.9397933，\quad T_4 = 0.9445135，\quad T_8 = 0.9456909$$

利用 $S_n = \dfrac{4}{3}T_{2n} - \dfrac{1}{3}T_n$ 计算出

$$S_1 = 0.9461459，\quad S_2 = 0.9460869，\quad S_4 = 0.9460834$$

利用 $C_n = \dfrac{16}{15}S_{2n} - \dfrac{1}{15}S_n$ 计算出

$$C_1 = 0.9460831，\quad C_2 = 0.9460831$$

利用 $R_n = \dfrac{64}{63}C_{2n} - \dfrac{1}{63}C_n$ 计算出

$$R_1 = 0.9460831$$

用变步长梯形求积法计算 3 次的精度只有 2 位有效数字；而通过龙贝格算法求得 $R_1 = 0.9460831$，这个结果有 7 位有效数字，可见加速效果十分明显，且其计算量比变步长梯形求积法的计算量小很多。

6.5 数值微分

前面提到，在微分学中，函数的导数是根据导数的定义或求导法则求出的。但是当函数表达式复杂、不易求导（如递推公式形式的函数表达式），或者函数以表格形式给出时，就不能用这些方法求导了，此时可利用数值方法求导，即以函数 $y = f(x)$ 的离散数据

$$(x_k, f(x_k))，\quad k = 0,1,\cdots,n$$

来近似表达 $f(x)$ 在节点 x_k 处的导数，这种方法称为数值微分。

6.5.1 机械求导法

按导数的定义，函数 $f(x)$ 在点 $x=a$ 处的导数 $f'(a)$ 为

$$f'(a) = \lim_{h \to 0} \frac{f(a+h) - f(a)}{h}$$

其中，h 为 x 的一个增量。如果精度要求不高，则可以用差商来近似表示导数，于是可以得到一种简单的数值求导方法：

$$f'(a) \approx \frac{f(a+h) - f(a)}{h} = \frac{\Delta f(a)}{h} \tag{6-26}$$

由泰勒展开得

$$f(a+h) = f(a) + hf'(a) + \frac{h^2}{2!} f''(\xi), \quad a \le \xi \le a+h$$

由此可得截断误差为

$$R(x) = f'(a) - \frac{f(a+h) - f(a)}{h} = -\frac{h}{2!} f''(\xi) = O(h)$$

这种方法采用向前差商进行近似计算。类似地，若采用向后差商进行近似计算，则有

$$f'(a) \approx \frac{f(a) - f(a-h)}{h} = \frac{\nabla f(a)}{h} \tag{6-27}$$

此时由泰勒展开得

$$f(a-h) = f(a) - hf'(a) + \frac{h^2}{2!} f''(\xi), \quad a-h \le \xi \le a$$

于是可得后向差商的截断误差为

$$R(x) = f'(a) - \frac{f(a) - f(a-h)}{h} = \frac{h}{2!} f''(\xi) = O(h)$$

若用中心差商进行近似计算，则有

$$f'(a) \approx \frac{f(a+h) - f(a-h)}{2h} = \frac{\delta f(a)}{2h} \tag{6-28}$$

由泰勒展开得

$$f(a+h) = f(a) + hf'(a) + \frac{h^2}{2!} f''(a) + \frac{h^3}{3!} f'''(\xi_1), \quad a \le \xi_1 \le a+h$$

$$f(a-h) = f(a) - hf'(a) + \frac{h^2}{2!} f''(a) - \frac{h^3}{3!} f'''(\xi_2), \quad a-h \le \xi_2 \le a$$

于是可得中心差商的截断误差为

$$R(x) = f'(a) - \frac{f(a+h) - f(a-h)}{2h} = -\frac{h^2}{12} [f'''(\xi_1) + f'''(\xi_2)] = -\frac{h^2}{6} f'''(\xi) = O(h^2)$$

利用中心差商的方法称为中心方法，相应把其计算表达式称为中点公式，它是向前差商和向后差商的算术平均。就精度而言，中心方法更为可取。

这 3 种数值微分方法的共同点是，将导数的计算归结为若干节点上的函数值的计算，这种方法称为机械求导法。

在上述几种方法中，向前差商和向后差商公式的截断误差均为 $O(h)$，中点公式的截断误差为 $O(h^2)$。当用中点公式计算导数的近似值时，必须选取合适的步长 h。因为从中点公式的截断误差来看，步长越小，计算结果越准确。但是，从舍入误差的角度来看，当 h 很小时，$f(a+h)$ 与 $f(a-h)$ 非常接近，直接将两个值相减会造成有效数字的严重损失。因此步长 h 又不宜太小。

综上所述，步长太大，截断误差较大；步长太小，又会导致舍入误差增大。在实际计算时，希望在保证截断误差满足精度要求的前提下选取尽可能大的步长。然而，事先给出一个合适的步长往往是困难的，通常采用不断将原有步长折半的方法实现步长的选取。

例如，用中点公式求 $f(x) = \sqrt{x}$ 在 $x = 2$ 处的导数，根据计算公式得

$$f'(2) \approx G(h) = \frac{\sqrt{2+h} - \sqrt{2-h}}{2h}$$

若取 4 位小数进行计算，则结果如表 6-4 所示。

表 6-4　步长 h 和导数 $G(h)$ 的函数关系数据表

h	1	0.5	0.1	0.05	0.01	0.005	0.001	0.0005	0.0001
$G(h)$	0.3660	0.3564	0.3535	0.3530	0.3500	0.3500	0.3500	0.3000	0.3000

导数 $f'(2)$ 的准确值为 0.353553，由表 6-4 可见，当 $h = 0.1$ 时，逼近效果最好，若进一步减小步长，则逼近效果反倒越来越差。

6.5.2　插值求导公式

当函数 $f(x)$ 以表格形式给出，即 $y = f(x_i)$，$i = 0,1,2,\cdots,n$ 时，用插值多项式 $P_n(x)$ 作为 $f(x)$ 的近似函数，即 $f(x) \approx P_n(x)$。由于多项式的导数容易求得，因此取 $P_n(x)$ 的导数 $P_n'(x)$ 作为 $f'(x)$ 的近似值，这样就建立了插值求导公式：

$$f'(x) \approx P_n'(x) \tag{6-29}$$

必须强调的是，即使 $f(x)$ 和 $P_n(x)$ 相差不大，$P_n'(x)$ 和 $f'(x)$ 在某些点处仍然可能差别很大，因而在使用插值求导公式时要注意误差的分析。插值求导公式的截断误差可用插值多项式的插值余项定理得出。由于

$$f(x) - P_n(x) = \frac{f^{(n+1)}(\xi)}{(n+1)!} \omega_{n+1}(x), \quad \xi \in (a,b)$$

因此两边求导得

$$f'(x) - P'_n(x) = \frac{f^{(n+1)}(\xi)}{(n+1)!}\omega'_{n+1}(x) + \frac{\omega_{n+1}(x)}{(n+1)!}\frac{\mathrm{d}}{\mathrm{d}x}f^{(n+1)}(\xi) \tag{6-30}$$

由于式（6-30）中的 ξ 是 x 的未知函数，无法对右边第二项进行进一步的求取，因此，对于任意点 x，截断误差 $f'(x) - P'_n(x)$ 是无法预估的。但是，如果限定只求某个节点 x_i 上的导数，则式（6-30）中的右边第二项因子 $\omega(x_i) = 0$，这时节点 x_i 处的截断误差为

$$f'(x_i) - P'_n(x_i) = \frac{f^{(n+1)}(\xi)}{(n+1)!}\omega'_{n+1}(x_i) \tag{6-31}$$

下面给出节点等距分布时常用的两点公式和三点公式。

1. 两点公式

设已给出两个节点 x_0 和 x_1 处的函数值 $f(x_0)$ 与 $f(x_1)$，做线性插值得

$$P(x) = \frac{x-x_1}{x_0-x_1}f(x_0) + \frac{x-x_0}{x_1-x_0}f(x_1)$$

对上式两端求导，记 $h = x_1 - x_0$，则有

$$P'(x) = \frac{1}{h}[-f(x_0) + f(x_1)]$$

于是有下列数值微分公式：

$$P'(x_0) = \frac{1}{h}[f(x_1) - f(x_0)], \quad P'(x_1) = \frac{1}{h}[f(x_1) - f(x_0)] \tag{6-32}$$

此时，由式（6-31）可得式（6-32）的截断误差分别为

$$f'(x_0) - P'(x_0) = \frac{f''(\xi)}{2!}(x_0 - x_1) = -\frac{h}{2}f''(\xi)$$

$$f'(x_1) - P'(x_1) = \frac{h}{2}f''(\xi)$$

由此可得带截断误差的两点公式为

$$f'(x_0) = \frac{1}{h}[f(x_1) - f(x_0)] - \frac{h}{2}f''(\xi) \tag{6-33}$$

$$f'(x_1) = \frac{1}{h}[f(x_1) - f(x_0)] + \frac{h}{2}f''(\xi) \tag{6-34}$$

2. 三点公式

设已给出 3 个等距节点 x_0、$x_1 = x_0 + h$、$x_2 = x_0 + 2h$ 处的函数值 $f(x_0)$、$f(x_1)$ 和 $f(x_2)$，进行抛物线插值：

$$P(x) = \frac{(x-x_1)(x-x_2)}{(x_0-x_1)(x_0-x_2)}f(x_0) + \frac{(x-x_0)(x-x_2)}{(x_1-x_0)(x_1-x_2)}f(x_1) + \frac{(x-x_0)(x-x_1)}{(x_2-x_0)(x_2-x_1)}f(x_2)$$

$$= \frac{(x-x_1)(x-x_2)}{2h^2}f(x_0) + \frac{(x-x_0)(x-x_2)}{(-h^2)}f(x_1) + \frac{(x-x_0)(x-x_1)}{2h^2}f(x_2)$$

对 x 求导，有

$$P'(x) = \frac{(x-x_1)+(x-x_2)}{2h^2}f(x_0) + \frac{(x-x_0)+(x-x_2)}{(-h^2)}f(x_1) + \frac{(x-x_0)+(x-x_1)}{2h^2}f(x_2)$$

分别将 x_0、x_1、x_2 代入上式，得到三点公式：

$$f'(x_0) \approx P'(x_0) = \frac{1}{2h}[-3f(x_0)+4f(x_1)-f(x_2)] \tag{6-35}$$

$$f'(x_1) \approx P'(x_1) = \frac{1}{2h}[-f(x_0)+f(x_2)] \tag{6-36}$$

$$f'(x_2) \approx P'(x_2) = \frac{1}{2h}[f(x_0)-4f(x_1)+3f(x_2)] \tag{6-37}$$

其中，式（6-36）是上面讲过的中点公式，在以上 3 个公式中，它由于少用了一个函数值 $f(x_1)$ 而常被采用。

利用余项公式可导出三点公式的余项分别为

$$f'(x_0) - P'(x_0) = \frac{f^{(3)}(\xi)}{3!}(x_0-x_1)(x_0-x_2) = \frac{h^2}{3}f^{(3)}(\xi)$$

$$f'(x_1) - P'(x_1) = -\frac{h^2}{6}f^{(3)}(\xi)$$

$$f'(x_2) - P'(x_2) = \frac{h^2}{3}f^{(3)}(\xi)$$

其中，$\xi \in (x_0, x_2)$，截断误差是 $O(h^2)$。

对于 3 个点的抛物线插值多项式，还可以求二次差商，得到二阶数值求导公式：

$$f''(x_0) = f''(x_1) = f''(x_2) \approx P''(x_0) = P''(x_1) = P''(x_2) = \frac{1}{h^2}[f(x_0)-2f(x_1)+f(x_2)]$$

其余项是 $O(h)$。

用插值多项式 $P(x)$ 作为 $f(x)$ 的近似函数，还可以建立高阶数值求导公式：

$$f^{(k)}(x) \approx P^{(k)}(x), \quad k = 0,1,2,\cdots,n$$

例 6-7　已知函数 $y = e^x$ 如表 6-5 所示的数值。

表 6-5　例 6-7 表

x	2.5	2.6	2.7	2.8	2.9
$y = e^x$	12.1825	13.4637	14.8797	16.4446	18.1741

试用两点公式 $f'(x_0) \approx \frac{1}{h}[f(x_1)-f(x_0)]$ [见式（6-33）]和三点公式的式（6-36）分别计算 $x = 2.7$ 时函数的一、二阶导数。

解　取步长 $h=0.2$，并设 $x_0 = 2.5$，$x_1 = 2.7$，$x_2 = 2.9$，用上述公式计算的结果如下：

$$f'(2.7) \approx \frac{1}{0.2}[f(2.7) - f(2.5)] = 13.486$$

$$f'(2.7) \approx \frac{1}{2 \times 0.2}[-f(2.5) + f(2.9)] = 14.979$$

$$f''(2.7) \approx \frac{1}{0.2^2}[f(2.5) - 2f(2.7) + f(2.9)] = 14.930$$

取步长 h=0.1，并设 $x_0 = 2.6$，$x_1 = 2.7$，$x_2 = 2.8$，用上述公式计算的结果如下：

$$f'(2.7) \approx \frac{1}{0.1}[f(2.7) - f(2.6)] = 14.160$$

$$f'(2.7) \approx \frac{1}{2 \times 0.1}[-f(2.6) + f(2.8)] = 14.9045$$

$$f''(2.7) \approx \frac{1}{0.1^2}[f(2.6) - 2f(2.7) + f(2.8)] = 14.890$$

$f'(2.7)$ 和 $f''(2.7)$ 的准确值为 14.87973，上面的计算结果表明，三点公式比两点公式更准确；步长越小，结果越准确，这是在高阶导数有界和舍入误差不超过截断误差的前提下得到的。

6.6　工程案例分析

例 6-8　半圆拱矿井巷道截面如图 6-3 所示，截面上任一点处对应的高为 $y = \sqrt{kx - x^2} + m$，其中，k 为底部矩形的长，m 为底部矩形的宽，当 k=2，m=4 时，应用复化梯形公式计算半圆拱矿井巷道介于 x=0 到 x=2 间的截面积，使误差不超过 10^{-3}。

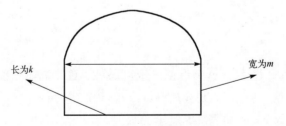

图 6-3　半圆拱矿井巷道截面

解　（1）问题分析。

半圆拱矿井巷道在区间 $[a,b]$ 上的截面积可表示为

$$T = \int_a^b f(x)\,\mathrm{d}x$$

采用复化梯形公式进行求解，有

$$T_n = \int_a^b f(x)\,\mathrm{d}x = \frac{h}{2}\sum_{i=0}^{n-1}[f(x_i) + f(x_{i+1})] = \frac{h}{2}[f(a) + f(b)] + h\sum_{i=0}^{n-1} f(x_i)$$

若将积分区间 $[a,b]=[0,2]$ n 等分，用 k 表示二分次数，则可得区间等分数 $n=2^k$（$k=1,2,\cdots$），步长为 $h=\dfrac{b-a}{n}$，对任意一个子区间 $[x_i,x_{i+1}]$（$i=0,1,\cdots,n-1$），分点为 $x_i=a+ih$。每计算一次 T_n 的值，进行一次误差估计，当 $|T_n-T_{n-1}|\leqslant 10^{-3}$ 时，即得到满足误差要求的半圆拱矿井巷道的截面积。

（2）代码实现。

MATLAB 环境下的代码实现如下：

```
1    function FHQJ
2    k = 2;    %矩形的长
3    m = 4;    %矩形的宽
4    a = 0;    % a、b 为积分区间的上下界
5    b=2;
6    epsilon=1e-3;    %精度
7    fun=@(x.)sqrt(-x.^2+k*x)+m;
8    n =1;
9    h=(b-a)/2;    %步长
10   y0=h*(feval(fun,a)+feval(fun,b));
11   yiter=y0;
12   while 1
13   step =2^(n-1);
14   f=sum(feval(fun,a+(1:2:2*step-1)*h));
15   y=y0/2+h*f;
16   if abs(y-y0)<epsilon
17   break;
18   end
19   h=h/2;
20   y0=y;
21   yiter=[yiter,y0];
22   n=n+1;
23   end
24   yiter
25   disp(y);
26   Error=double(int('sqrt(-x^2+2*x)+4','x',0,2)-y);    %% 误差
27   disp(Error);
```

运行结果如表 6-6 所示。

表 6-6　运行结果

k	1	2	3	4	5	6	7	8
yiter	8.0000	9.0000	9.3660	9.4979	9.5449	9.5616	9.5676	9.5696

当运行到 $k=8$，即 $n=2^8=256$ 时，就能满足与准确值的误差不超过 10^{-3}，此时误差为 0.0004，yiter $= 9.5696$，Error $= 0.0004$。

复化梯形公式能够较准确地得到实验结果 yiter = 9.5696，用较小的计算量便能够达到预定精度，得到准确值与近似值的绝对误差 Error = 0.0004，较好地完成了圆拱矿井巷道截面积的计算。

扩展阅读 1：龙贝格算法

龙贝格算法也称龙贝格-韦尔奇算法，是一种数值积分方法，用于估算函数在某一区间的积分值。其中两位主要贡献者是威廉·龙贝格（William Romberg）和查尔斯·W·韦尔奇（Charles W. Wrench）。

威廉·龙贝格是美国数学家，他在 20 世纪中期对数值积分方法做出了贡献。他的主要工作涉及对复合数值积分规则的改进，尤其在将梯形法则应用到多个子区间上。该方法最终被称为龙贝格方法或龙贝格算法，用于提高数值积分的精度。

查尔斯·W·韦尔奇也是美国数学家，他在 20 世纪初期对数值积分方法做出了贡献。他的主要工作包括发展一种更一般的数值积分方法，该方法不仅适用于多项式函数，还适用于非多项式函数。该方法最终被称为韦尔奇方法或韦尔奇算法。

后来，研究人员将龙贝格方法和韦尔奇方法合并改进，形成了现代的龙贝格-韦尔奇算法。该算法允许对不连续函数和具有奇点的函数进行数值积分，具有较高的精度和可适应性。威廉·龙贝格和查尔斯·W·韦尔奇的工作与改进最终促使这一重要的数值积分方法的诞生，为科学和工程中的数值计算提供了强大的工具。

扩展阅读 2：中国古代的微积分计算

我国在极限微积分思想上的萌芽最早可追溯到公元前 7 世纪，老子和庄子的哲学思想与著作中包含了无限可分性及极限思想的理论。

庄子在其著作《庄子·天下》中提出："一尺之棰，日取其半，万世不竭。"这句话蕴含着无限可分的思想，也是最早的极限思想的萌芽。

老子在《道德经》第四十二章中提出："道生一，一生二，二生三，三生万物。"这句话蕴含着无限的思想，体现了一种动态的趋近过程。

公元前 4 世纪，墨子在其著作《墨经》中提出了关于有穷、无穷、无穷大、无限可分和极限的早期概念，其无穷的思想也是最朴素的、最典型的极限思想。

到了魏晋南北朝时期，极限思想有了更进一步的发展，最具代表性的人物有刘徽、祖冲之和祖暅。刘徽是魏晋时期伟大的数学家，也是中国数学史上最伟大的数学家之一，他最为杰出的著作是《九章算术注》和《海岛算经》，这两部著作在我国历史上具有非常重要的地位。刘徽在《九章算术注》中利用"割圆术"计算圆面积，用圆内接正多边形的面积来无限逼近圆面积。"割之弥细，所失弥少，割之又割，以至于不可割，则与圆合体而无所失矣。"刘徽的"割圆术"与阿基米德的割圆术的思想是一致的，尽管他们天各一方，时隔数百年，但有完全相同的想法。古希腊的阿基米德算到了正 96 边形，但是刘徽并没有就此止步，他一直算到了正 3072 边形。刘徽利用"割圆术"将圆周率的计算精确到小数点 4 位，他的极限理论和无穷小方法在当时世界上是最先进的，这种微积分思想直到 17 世纪初才在西方国家有了初步的发展。

刘徽之后，祖冲之和他的儿子祖暅对刘徽的数学思想与方法进行了推广及发展。祖冲之是我国南北朝时期杰出的数学家、天文学家和科学家，他算出了圆周率数值的上下限：3.1415926（朒数）<π<3.1415927（盈数）。祖冲之是最早把圆周率推算到小数点后 7 位的数学家，因此我们把圆周率命名为"祖冲之圆周率"，简称"祖率"。

祖暅沿用了刘徽的思想，利用"牟合方盖"的理论进行体积计算，祖暅原理可用来计算球的体积，包含了求积无限小方法，这种方法是积分学的重要思想，也是我们今天提到的"微元法"的思想。这一原理在西方国家被称为"卡瓦列利原理"，是由意大利数学家发现的，但是卡瓦列利发现这一结果比祖冲之父子晚了 1000 多年。

沈括是北宋时期的政治家、科学家，他的代表作《梦溪笔谈》集前代科学成就之大成，在世界文化史上有着重要的地位，被称为"中国科学史上的里程碑"。沈括的"会圆术"包含了"以直代曲"的微元法的思想。所谓"会圆术"，就是由弦求弧的方法，其主要思路是局部以直代曲。他创立的"隙积术""会圆术""棋局都数术"等数学方法就可以体现当时对高阶等差级数求和理论的深入研究。

元末以后，中国传统数学逐步衰落。整个明清两代，不但未再产生能与《数书九章》《四元玉鉴》相媲美的数学杰作，而且在清中叶，乾嘉学派重新发掘研究以前，"天元术""四元术"这样一些数学的精粹竟长期失传，无人通晓。明初开始，在长达 300 余年的时期内，除了珠算的发展及与之相关的著作的出现，中国传统数学研究不仅没有新的创造，反而倒退了，数学发展缺乏社会动力和思想刺激。元代以后，科举考试制度中的明算科完全废除，唯以八股取士，数学社会地位低下，研究数学者没有出路，微积分等数学方法没能在理论上得到进一步的发展。

在中国国家版本馆兰台洞库，面对斑驳的文津阁本《九章算术》，习近平总书记的一番话引人深思："我们的祖先，在科学发萌之际，是走在前面的。千百年来，中华民族没有中断，中国文化没有中断，但在数理化上有些中断，被赶超了。"在文化传承发展座谈会上，习近平总书记深刻指出："中华文明具有突出的连续性，从根本上决定了中华民族必然走自己的路。""中华民族形成了伟大民族精神和优秀传统文化，这是中华民族生生不息、长盛不衰的文化基因"，强调"中华文明源远流长，从未中断，塑造了我们伟大的民族"，勉励"把世界上唯一没有中断的文明继续传承下去"……党的十八大以来，习近平总书记站在中华民族和中华文明永续传承的战略高度，提出一系列重要论述，作出一系列重大决策，引领中华文化创造性转化、创新性发展，推动中华文脉在赓续传承中弘扬光大。

思考题

1. 分别用梯形公式、辛普森公式计算下列积分的近似值。

（1）$\int_0^1 \dfrac{x}{1+x^2}\,\mathrm{d}x$　　（2）$\int_1^9 \sqrt{x}\,\mathrm{d}x$　　（3）$\int_1^2 \ln(1+\sqrt{x})\,\mathrm{d}x$　　（4）$\int_1^{1.5} x^2 \ln x\,\mathrm{d}x$

2．已知数据表如表 6-7 所示。

表 6-7　思考题 2 表

x	1.1	1.3	1.5
e^x	3.0042	3.6693	4.4817

试用复化梯形公式计算积分 $\int_{1.1}^{1.5} \mathrm{e}^x\,\mathrm{d}x$（结果保留 4 位小数）。

3．用复化梯形公式计算积分 $\int_0^1 \mathrm{e}^x\,\mathrm{d}x$，区间应多少等分才能使截断误差的绝对值不超过 $\dfrac{1}{2}\times 10^{-5}$？若用复化辛普森公式达到同样的精度，则需要进行多少等分？

4．将积分区间 8 等分，用梯形公式计算定积分 $\int_1^3 \sqrt{1+x^2}\,\mathrm{d}x$，计算过程保留 4 位小数。

5．分别用复化梯形公式和复化辛普森公式计算积分 $\int_0^2 \dfrac{x}{4+x^2}\,\mathrm{d}x$，$n=8$（用 9 个点处的函数值进行计算，结果保留 4 位小数）。

6．取 5 个等距节点，分别用复化梯形公式和复化辛普森公式计算 $\int_0^2 \dfrac{1}{1+2x^2}\,\mathrm{d}x$ 的近似值（结果保留 4 位小数）。

7．用龙贝格求积方法计算下列积分，使误差不超过 $\dfrac{1}{2}\times 10^{-5}$。

（1）$\int_0^1 \dfrac{4}{1+x^2}\,\mathrm{d}x$　　　　（2）$\int_0^3 x\sqrt{1+x^2}\,\mathrm{d}x$　　　　（3）$\int_0^{2\pi} x\sin x\,\mathrm{d}x$

8．设已给出数据表（见表 6-8），用三点公式计算 $f(x)$ 在 $x=1.0,\ 1.2,\ 1.4$ 处导数的近似值（结果保留 5 位小数）。

表 6-8　思考题 8 表

x	1.0	1.2	1.4
$f(x)$	0.24168	0.22632	0.20166

9．设 $f(x)=x^3$，对于 $h=0.1,\ 0.01$，用中心差商公式计算 $f'(2)$ 的近似值。

第7章
常微分方程初值问题的数值解法

　　微分方程是指包含自变量、未知函数以及该未知函数关于自变量的导数或微分的方程。在求解微分方程时，必须附加某种定解条件。微分方程和定解条件一起组成定解问题。定解条件通常分为两种情况，一种是指积分曲线在初始时刻所需满足的条件，称为初始条件，相应的定解问题称为初值问题；另一种是指规定了积分曲线在首末两端的值所满足的条件，称为边界条件，相应的定解问题称为边值问题。

　　通常把含有自变量 x、未知的一元函数 $y(x)$ 及其导数 $y'(x)$ 或微分 $\mathrm{d}y(x)$ 的方程叫作常微分方程；未知函数为多元函数，有多元函数偏导数的方程叫作偏微分方程。微分方程的阶是由方程中出现的最高阶导数来决定的。本章着重讨论一阶常微分方程初值问题

$$\begin{cases} y' = f(x,y) \\ y(x_0) = y_0 \end{cases} \tag{7-1}$$

的数值解法，并对微分方程组和高阶方程的数值解法进行讨论，其基本思想和一阶常微分方程的基本思想是完全一致的。

　　数值解是 $y(x)$ 解的近似值，因此，总是假设 $f(x,y)$ 在区间 $[a,b]$ 上连续，并且关于 y 满足利普希茨（Lipschitz）条件，即存在常数 L，使

$$|f(x,y_1) - f(x,y_2)| \leq L|y_1 - y_2|$$

其中，$x_0 \in [a,b]$。这样，由常微分方程理论，可以保证初值问题的解存在且唯一。

　　虽然求解常微分方程有各种各样的解析方法，但只有少数几种类型的方程可以求得解析解，实际工程中大多只能求解出近似的数值解。有的常微分方程看似简单。例如，具有初始条件的一阶微分方程：

$$\begin{cases} y' = 1 - 2xy \\ y(0) = 0 \end{cases}$$

很容易得出它的解 $y = e^{-x^2} \int_0^x e^{x^2} dx$，但是要具体计算函数值 y，还需要进行数值积分，如果需要计算很多点处的 y 值，则计算量可能很大。再如，方程

$$\begin{cases} y' = y \\ y(0) = 1 \end{cases}$$

的解 $y = e^x$ 虽然有表可查，但对于表中没有给出的 e^x 值，仍需要用插值法进行计算。因此，学习和掌握微分方程的数值解法非常有必要。

所谓数值解法，就是指求 $y(x)$ 在一系列离散节点 $x_n = x_{n-1} + h_n$，$n = 1, 2, \cdots, N$ 处的近似值 y_n，这里 $h_n = x_n - x_{n-1}$ 称为步长，如果没有特殊说明，则假定节点等距，即 h_n 为定值，并略去下标，记为 h。

初值问题的数值解法的基本思想是"离散化""步进式"，即求解过程依节点排列的次序逐步向前推进。描述这类算法，只需给出用已知信息 $y_n, y_{n-1}, \cdots$ 计算 y_{n+1} 的递推公式。

对式（7-1）进行离散化，建立求解数值解的递推公式，一般有以下两种方法。

（1）单步法。单步法是指在计算 y_{n+1} 时，只用到 x_{n+1}、x_n 和 y_n，即前一步的值。因此，有了初值以后就可以逐步往下计算，其代表是龙格-库塔法。

（2）多步法。多步法是指在计算 y_{n+1} 时，除用到 x_{n+1}、x_n 和 y_n 以外，还要用到 x_{n-p}、y_{n-p}（$p = 1, 2, \cdots, k$），即前面 k 步的值，其代表是亚当斯法。

此外，还需要研究数值求解公式的局部截断误差，即数值解 y_n 与精确解 $y(x_n)$ 的误差估计和收敛性，以及递推公式的数值稳定性等问题。

7.1 欧拉法

欧拉法是常微分方程初值问题数值方法中最简单的一种。由于它的精度较差，已很少直接用于实际计算，但构造欧拉法的基本原理及其涉及的基本概念对一般数值方法都有普遍意义，因此首先对它进行讨论。

7.1.1 欧拉公式

1. 公式的导出

初值问题式（7-1）的解 $y = y(x)$ 代表通过点 $P_0(x_0, y_0)$ 的一条曲线，称为微分方程的积分曲线。积分曲线上每一点 (x, y) 的切线的斜率 $y'(x)$ 等于函数 $f(x, y)$ 在这点的值。

欧拉法是指过点 $P_0(x_0, y_0)$ 作曲线 $y(x)$ 的切线 $y'(x_0)$ 与直线 $x = x_1$ 交于点 $P_1(x_1, y_1)$，用 y_1 作为曲线 $y(x)$ 上的点 $(x_1, y(x_1))$ 的纵坐标 $y(x_1)$ 的近似值，如图 7-1 所示。

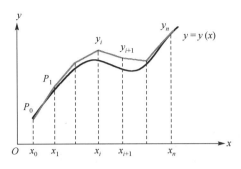

图 7-1　欧拉法的几何意义

首先，过点 (x_0, y_0)，以 $f(x_0, y_0)$ 为斜率的切线方程为

$$y = y_0 + f(x_0, y_0)(x - x_0)$$

当 $x = x_1$ 时，得

$$y_1 = y_0 + f(x_0, y_0)(x_1 - x_0)$$

取 y_1 作为解 $y(x_1)$ 的近似值 $y(x_1) \approx y_1$。然后，过点 (x_1, y_1)，以 $f(x_1, y_1)$ 为斜率作直线

$$y = y_1 + f(x_1, y_1)(x - x_1)$$

当 $x = x_2$ 时，得

$$y_2 = y_1 + f(x_1, y_1)(x_2 - x_1)$$

同样取 $y(x_2) \approx y_2$。

一般地，已求得点 (x_n, y_n)，过该点，以 $f(x_n, y_n)$ 为斜率作直线

$$y = y_n + f(x_n, y_n)(x - x_n)$$

当 $x = x_{n+1}$ 时，得

$$y_{n+1} = y_n + f(x_n, y_n)(x_{n+1} - x_n)$$

取 $y(x_{n+1}) \approx y_{n+1}$。这样，从 x_0 逐个算出 $x_1, x_2, \cdots, x_n$ 对应的数值解 $y_1, y_2, \cdots, y_n$。

欧拉法的几何意义就是用一条初始点重合的折线来近似表示曲线 $y = y(x)$。

通常取 $x_{n+1} - x_n = h_n = h$（常数），得欧拉法的计算公式：

$$\begin{cases} y_{n+1} = y_n + hf(x_n, y_n) \\ x_n = x_0 + nh, \quad n = 0, 1, \cdots \end{cases} \tag{7-2}$$

下面从数值微分和数值积分方面讨论欧拉法。

对于微分方程包括的导数（或微分），数值解法的第一步就是设法消除其导数项，这项工作称为离散化。由于差分是微分的近似运算，因此实现离散化的基本途径是用差商代替导数。在 x_n 点处有如下微分方程：

$$y'(x_n) = f(x_n, y(x_n))$$

用差商 $\dfrac{y(x_{n+1}) - y(x_n)}{h}$ 代替其中的导数项 $y'(x_n)$，有

$$y(x_{n+1}) \approx y(x_n) + hf(x_n, y(x_n))$$

设用 $y(x_n)$ 的近似值 y_n 代入上式右端，记所得结果为 y_{n+1}，这样导出的计算公式

$$y_{n+1} = y_n + hf(x_n, y_n), \quad n = 0, 1, \cdots$$

就是从数值微分导出的欧拉公式。若初值 y_0 已知，则可逐步算出 $y_1, y_2, \cdots$。

若将方程 $y' = f(x, y)$ 的两端从 x_n 到 x_{n+1} 求积分，则有

$$\int_{x_n}^{x_{n+1}} y' \mathrm{d}x = \int_{x_n}^{x_{n+1}} f(x, y(x)) \mathrm{d}x$$

$$y(x_{n+1}) \approx y(x_n) + \int_{x_n}^{x_{n+1}} f(x, y(x)) \, \mathrm{d}x \tag{7-3}$$

要通过这个积分关系获得 $y(x_{n+1})$ 的近似值，只要近似地算出其中的积分项 $\int_{x_n}^{x_{n+1}} f(x, y(x)) \, \mathrm{d}x$，

而选用不同的计算方法计算这个积分项会得到不同的差分格式。

用左矩形方法计算积分项可得

$$\int_{x_n}^{x_{n+1}} f(x, y(x)) \, \mathrm{d}x \approx hf(x_n, y(x_n))$$

代入式（7-3）得

$$y(x_{n+1}) \approx y(x_n) + hf(x_n, y(x_n))$$

据此离散化，又可导出欧拉公式。由于数值积分的矩形方法精度很低，因此欧拉法很粗糙。

对 $y(x_{n+1})$ 在 x_n 处按二阶泰勒展开，有

$$y(x_{n+1}) = y(x_n + h) = y(x_n) + hy'(x_n) + \frac{1}{2!} h^2 y''(\xi_n), \quad x_n \leqslant \xi_n \leqslant x_{n+1}$$

略去余项得

$$y(x_{n+1}) \approx y(x_n) + hy'(x_n) = y(x_n) + hf(x_n, y(x_n))$$

用近似值 y_n 代替 $y(x_n)$，把上式右端所得值记为 y_{n+1}，有

$$y_{n+1} = y_n + hf(x_n, y_n)$$

这就是用泰勒展开法推出的欧拉公式。

以上用几何方法、数值微分法、数值积分法和泰勒展开法推导了欧拉公式。泰勒展开法和数值积分法是两种常用的方法，后面用泰勒展开法推导单步法的龙格-库塔法，用泰勒展开法和数值积分法推导线性多步法的亚当斯法。

例 7-1 利用欧拉公式求解以下初值问题：

$$\begin{cases} y' = y - \dfrac{2x}{y}, \ 0 < x < 1 \\ y(0) = 1 \end{cases}$$

取 $h = 0.1$，在区间 $[0,1]$ 上进行计算，并与精确解 $y = \sqrt{2x+1}$ 进行比较。

解　可以给出欧拉公式的具体形式：

$$y_{n+1} = y_n + h\left(y_n - \frac{2x_n}{y_n}\right)$$

当 $h = 0.1$，$y_0 = 1$，$n = 0,1$ 时，有

$$n = 0：\ y_1 = y_0 + h\left(y_0 - \frac{2x_0}{y_0}\right) = 1 + 0.1\left(1 - \frac{2\times 0}{1}\right) = 1.1$$

$$n = 1：\ y_2 = y_1 + h\left(y_1 - \frac{2x_1}{y_1}\right) = 1.1 + 0.1\left(1.1 - \frac{2\times 0.1}{1.1}\right) \approx 1.191818$$

对精确解 $y(x_n)$ 和近似值 y_n 分别进行计算，结果（$n = 0,1,\cdots,9$）如表 7-1 所示，比较可见，欧拉法的精度很低。

表 7-1　计算结果

x_n	y_n	$y(x_n)$	x_n	y_n	$y(x_n)$
0.1	1.100000	1.095445	0.6	1.508966	1.483240
0.2	1.191818	1.183216	0.7	1.580338	1.549193
0.3	1.277438	1.264911	0.8	1.649783	1.612452
0.4	1.358213	1.341641	0.9	1.717779	1.673320
0.5	1.435133	1.414214	1.0	1.784771	1.732051

2．局部截断误差和阶数

为了衡量微分方程数值解法的精度，引入局部截断误差和阶数的概念。

定义 7-1　假定 y_n 为准确值，即 $y_n = y(x_n)$，在此前提下，用某种数值方法计算 y_{n+1} 的误差 $R_{n+1} = y(x_{n+1}) - y_{n+1}$ 称为该数值方法计算 y_{n+1} 时的局部截断误差。

定义 7-2　若某一数值方法的局部截断误差为 $R_{n+1} = O(h^{p+1})$，其中 p 为正整数，则称这种数值方法的阶数是 p，或者说该方法具有 p 阶精度。

由定义可知，当步长 $h<1$ 时，数值方法的阶数 p 越高，局部截断误差越小，计算精度越高。因此阶数的高低是衡量数值方法好坏的一个重要指标。

对于欧拉公式，假定 $y_n = y(x_n)$，则有

$$y_{n+1} = y(x_n) + hf(x_n, y(x_n)) = y(x_n) + hy'(x_n)$$

按二阶泰勒公式展开得

$$y(x_{n+1}) = y(x_n) + hy'(x_n) + \frac{h^2}{2}y''(\xi) , \quad x_n < \xi < x_{n+1}$$

此时，其局部截断误差为

$$y(x_{n+1}) - y_{n+1} = \frac{h^2}{2}y''(\xi) = O(h^2) \tag{7-4}$$

因此，欧拉法的局部截断误差为 $O(h^2)$，该方法是一阶方法。

3．隐式欧拉公式

若用向后差商 $\dfrac{y(x_{n+1}) - y(x_n)}{h}$ 代替方程 $y'(x_{n+1}) = f(x_{n+1}, y(x_{n+1}))$ 中的导数项 $y'(x_{n+1})$，并离散化，则可导出下列格式：

$$y_{n+1} = y_n + hf(x_{n+1}, y_{n+1}) \tag{7-5}$$

这一公式与欧拉公式有本质的区别。欧拉公式（式（7-2））是关于 y_{n+1} 的一个直接计算公式，这类公式是显式的；而式（7-5）的右端含有未知的 y_{n+1}，它实际上是关于 y_{n+1} 的一个函数方程，这类公式是隐式的。使用显式算法远比隐式算法方便，但是考虑到数值稳定性等其他因素，有时需要选用隐式算法。式（7-5）可选用迭代法求解，因为迭代过程的实质是逐步显式化。

先用显式欧拉公式给出迭代初值，再由隐式欧拉公式进行迭代，从而得到

$$\begin{cases} y_{n+1}^{(0)} = y_n + hf(x_n, y_n) \\ y_{n+1}^{(k+1)} = y_n + hf(x_{n+1}, y_{n+1}^{(k)}) , \quad k = 0,1,\cdots \end{cases} \tag{7-6}$$

如果迭代过程收敛，则为隐式方程的解，在实际计算中，通常只需迭代一两次就可以了。

由于数值微分的向前差商公式和向后差商公式具有相同的精度，因此可以预料，隐式欧拉公式与显式欧拉公式的精度相当，都是一阶方法。

对式（7-3）中的积分项用右矩形方法进行计算，在离散化时有

$$y_{n+1} = y_n + hf(x_{n+1}, y_{n+1})$$

由此也可以看出，隐式欧拉公式与显式欧拉公式的精度相当。

7.1.2　两步欧拉公式

为了改善精度，用中心差商 $\dfrac{1}{2h}[y(x_{n+1}) - y(x_{n-1})]$ 代替方程 $y'(x_n) = f(x_n, y(x_n))$ 中的导数项，并离散化得

$$y_{n+1} = y_{n-1} + 2hf(x_n, y_n)$$

无论是显式欧拉公式还是隐式欧拉公式，都是单步法，计算 y_{n+1} 时只用到前一步的信息 y_n；而上面推导出的公式除用到 y_n 以外，还需要用到更前一步的信息 y_{n-1}，即调用了前面两步的信息，因此该公式称为两步欧拉公式。两步欧拉公式比隐式或显式欧拉公

式具有更高的精度。设 $y_n = y(x_n)$，$y_{n-1} = y(x_{n-1})$，前两步准确，则两步欧拉公式为

$$y_{n+1} = y(x_{n-1}) + 2hf(x_n, y(x_n))$$

对 $y(x_{n+1})$ 进行泰勒展开得

$$y(x_{n+1}) = y(x_{n-1}) + 2hy'(x_n) + \frac{h^3}{3}y'''(\xi)，\quad x_{n-1} < \xi < x_{n+1}$$

将以上两式相比较，有

$$y(x_{n+1}) - y_{n+1} = O(h^3)$$

因此这是一种二阶方法。

7.1.3　梯形法

将方程 $y' = f(x, y)$ 的两端从 x_n 到 x_{n+1} 求积分得

$$y(x_{n+1}) = y(x_n) + \int_{x_n}^{x_{n+1}} f(x, y(x))\mathrm{d}x$$

为了提高精度，改用梯形法计算积分项，即将

$$\int_{x_n}^{x_{n+1}} f(x, y(x))\mathrm{d}x \approx \frac{h}{2}[f(x_n, y(x_n)) + f(x_{n+1}, y(x_{n+1}))]$$

代入，从而有

$$y(x_{n+1}) \approx y(x_n) + \frac{h}{2}[f(x_n, y(x_n)) + f(x_{n+1}, y(x_{n+1}))]$$

设将其中的 $y(x_n)$、$y(x_{n+1})$ 分别用 y_n 和 y_{n+1} 代替，作为离散化的结果得到下列计算公式：

$$y_{n+1} = y_n + \frac{h}{2}[f(x_n, y_n) + f(x_{n+1}, y_{n+1})] \tag{7-7}$$

式（7-7）称为梯形公式。它是一个含有未知量 y_{n+1} 的方程，因此它是隐式的。

设 $y(x)$ 是微分方程初值问题的解析解，则梯形公式的局部截断误差为

$$\begin{aligned}
y(x_{n+1}) - y_{n+1} &= y(x_{n+1}) - y(x_n) - \frac{h}{2}[f(x_n, y(x_n)) + f(x_{n+1}, y(x_{n+1}))] \\
&= y(x_{n+1}) - y(x_n) - \frac{h}{2}[y'(x_n) + y'(x_{n+1})]
\end{aligned} \tag{7-8}$$

对 $y(x_{n+1})$ 在 x_n 处进行泰勒展开得

$$y(x_{n+1}) = y(x_n) + hy'(x_n) + \frac{1}{2}h^2 y''(x_n) + \frac{1}{6}h^3 y'''(x_n) + O(h^4)$$

对 $y'(x_{n+1})$ 在 x_n 处进行泰勒展开得

$$y'(x_{n+1}) = y'(x_n) + hy''(x_n) + \frac{1}{2}h^2 y'''(x_n) + O(h^3)$$

将以上两式代入式（7-8），有

$$y(x_{n+1}) - y_{n+1} = hy'(x_n) + \frac{1}{2}h^2 y''(x_n) + \frac{1}{6}h^3 y'''(x_n) - \frac{h}{2}\left[2y'(x_n) + hy''(x_n) + \frac{1}{2}h^2 y'''(x_n)\right] + O(h^4)$$

$$= -\frac{1}{12}h^3 y'''(x_n) + O(h^4) = O(h^3)$$

可见，梯形公式的局部截断误差为 $O(h^3)$，比显式欧拉公式和隐式欧拉公式高一阶。

梯形格式实际上是显式欧拉格式与隐式欧拉格式的算术平均。因此梯形格式是隐式方式，一般需要用迭代法来求解，即先用显式欧拉公式算出 x_{n+1} 处 y_{n+1} 的初始近似值 $y_{n+1}^{(0)}$，然后进行迭代计算，得到 $y_{n+1}^{(1)}, y_{n+1}^{(2)}, \cdots$，迭代公式为

$$\begin{cases} y_{n+1}^{(0)} = y_n + hf(x_n, y_n) \\ y_{n+1}^{(k+1)} = y_n + \dfrac{h}{2}\left[f(x_n, y_n) + f(x_{n+1}, y_{n+1}^{(k)})\right] \end{cases}, \quad k, n = 0, 1, 2, \cdots \tag{7-9}$$

式（7-9）用 $\left|y_{n+1}^{(k+1)} - y_{n+1}^{(k)}\right| \leq \varepsilon$ 控制迭代次数，直到满足误差精度 ε。把满足误差要求的 $y_{n+1}^{(k+1)}$ 作为 $y(x_{n+1})$ 的近似值 y_{n+1}，类似地，可得到 $y_{n+2}, y_{n+3}, \cdots$。

7.1.4　改进欧拉法

欧拉法是一种显式算法，计算量小，但精度低。梯形法虽然提高了精度，但它是一种隐式算法，需要迭代求解，计算量大。在实际应用中，当对精度要求不高时，可以让梯形法的迭代公式只迭代一次就结束，这样可以得到一种新的方法——改进欧拉法。这种方法用欧拉公式求得一个初始近似值 $y_{n+1}^{(0)}$，称为预报值。预报值的精度不高，用它替代梯形法右端的 y_{n+1}，直接计算得出 y_{n+1}，称为校正值，这时得到预报-校正公式。将预报-校正公式

$$\begin{cases} y_{n+1}^{(0)} = y_n + hf(x_n, y_n) \\ y_{n+1} = y_n + \dfrac{h}{2}[f(x_n, y_n) + f(x_{n+1}, y_{n+1}^{(0)})] \end{cases} \tag{7-10}$$

称为改进欧拉公式。这是一种一步显式形式，也可以写成嵌套形式：

$$y_{n+1} = y_n + \frac{h}{2}[f(x_n, y_n) + f(x_{n+1}, y_n + hf(x_n, y_n))] \tag{7-11}$$

或者表示成下列平均化形式：

$$\begin{cases} y_p = y_n + hf(x_n, y_n) \\ y_c = y_n + hf(x_{n+1}, y_p) \\ y_{n+1} = \dfrac{1}{2}(y_p + y_c) \end{cases} \tag{7-12}$$

图 7-2 描述了改进欧拉法的流程，其中，h 为步长；N 为步数；x_0 和 y_0 为"老值"，即前一步的近似值；x_1 和 y_1 为"新值"，即该步的计算结果。

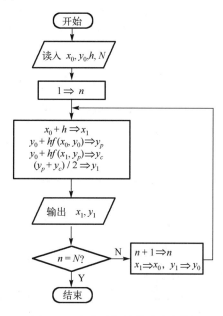

图 7-2　改进欧拉法的流程框图

例 7-2　用改进欧拉法求解例 7-1 的初值问题。

解　改进欧拉公式的具体形式为

$$
\begin{cases}
y_p = y_n + h\left(y_n - \dfrac{2x_n}{y_n}\right) \\[2mm]
y_c = y_n + h\left(y_p - \dfrac{2x_{n+1}}{y_p}\right) \\[2mm]
y_{n+1} = \dfrac{1}{2}(y_p + y_c)
\end{cases}
$$

仍取 $h = 0.1$ 进行计算，可得

$$
n = 0：\quad y_p = y_0 + h\left(y_0 - \frac{2x_0}{y_0}\right) = 1 + 0.1\left(1 - \frac{2\times 0}{1}\right) = 1.1
$$

$$
y_c = y_0 + h\left(y_p - \frac{2x_1}{y_p}\right) = 1 + 0.1\left(1.1 - \frac{2\times 0.1}{1.1}\right) \approx 1.091818
$$

$$
y_1 = \frac{1}{2}(y_p + y_c) = 1.095909
$$

$$n=1: \quad y_p = y_1 + h\left(y_1 - \frac{2x_1}{y_1}\right) = 1.095909 + 0.1\left(1.095909 - \frac{2 \times 0.1}{1.095909}\right) \approx 1.187250$$

$$y_c = y_1 + h\left(y_p - \frac{2x_2}{y_p}\right) = 1.095909 + 0.1\left(1.187250 - \frac{2 \times 0.2}{1.187250}\right) \approx 1.180943$$

$$y_2 = \frac{1}{2}(y_p + y_c) = 1.184097$$

计算结果如表 7-2 所示，其中 $y(x_n)$ 表示准确值。同例 7-1 中的计算结果相比较，改进欧拉法明显改善了精度。

表 7-2　计算结果

x_n	y_n	$y(x_n)$	x_n	y_n	$y(x_n)$
0.1	1.095909	1.095445	0.6	1.485956	1.483240
0.2	1.184097	1.183216	0.7	1.562514	1.549193
0.3	1.266201	1.264911	0.8	1.616475	1.612452
0.4	1.343360	1.341641	0.9	1.678166	1.673320
0.5	1.416402	1.414214	1.0	1.737867	1.732051

7.2　龙格-库塔法

　　龙格-库塔法是高阶的单步法，得到高阶法的一个想法是在进行泰勒展开时，可取 $y(x)$ 的高阶导数，但是这并不实用，因为求高阶导数相当麻烦，需要增加很多计算量。龙格-库塔法通过计算不同点处的函数值，并对这些函数值进行线性组合，构造近似公式，把近似公式和相应的泰勒展开式相比较，使前面的若干项尽可能多地重合，从而使近似公式达到一定的阶数，这就存在计算哪些点处的函数值，以及如何组合的问题。

7.2.1　泰勒级数展开法

　　设 $y_n = y(x_n)$，对 $y(x_{n+1})$ 在 x_n 处进行泰勒展开得

$$y(x_{n+1}) = y(x_n + h) = y(x_n) + hy'(x_n) + \frac{h^2}{2}y''(x_n) + \frac{h^3}{3!}y'''(x_n) + \cdots$$

若取右端前有限项为 $y(x_{n+1})$ 的近似值，则可得到计算 $y(x_{n+1})$ 的各种不同截断误差的数值公式。

　　当取前 2 项时，有

$$y(x_{n+1}) \approx y(x_n) + hy'(x_n) = y(x_n) + hf(x_n, y(x_n)) = y_n + hf(x_n, y_n)$$

即有

$$y(x_{n+1}) = y_n + hf(x_n, y_n)$$

这就是局部截断误差为 $O(h^2)$ 的欧拉公式。

当取前 3 项时，可得局部截断误差为 $O(h^3)$ 的欧拉公式：

$$y(x_{n+1}) \approx y(x_n) + hy'(x_n) + \frac{h^2}{2}y''(x_n)$$

$$= y(x_n) + hf(x_n, y(x_n)) + \frac{h^2}{2}[f_x'(x_n, y(x_n)) + f(x_n, y(x_n))f_y'(x_n, y(x_n))]$$

其中

$$y'(x_n) = f(x_n, y(x_n))$$
$$y''(x_n) = f_x'(x_n, y(x_n)) + f_y'(x_n, y(x_n))y'(x_n)$$
$$= f_x'(x_n, y(x_n)) + f(x_n, y(x_n))f_y'(x_n, y(x_n))$$

类似地，若取前 $p+1$ 项作为 $y(x_{n+1})$ 的近似值，则可得到局部截断误差为 $O(h^{p+1})$ 的数值计算公式。由此可知，通过提高泰勒展开式的阶数，可以得到高精度的数值方法。从理论上来讲，只要微分方程式（7-1）的解 $y(x)$ 足够光滑，泰勒展开法就可以构造任意有限阶的数值计算公式。但实际上，具体构造这种公式往往很困难，因为复合函数 $f(x, y(x))$ 的高阶导数通常很烦琐。因此很少直接用泰勒展开法，但是泰勒展开法的基本思想是很多数值方法的基础，可以间接使用，从而求得高精度的数值方法。

7.2.2 龙格-库塔法的基本思路

下面通过微分中值定理和改进欧拉公式来说明龙格-库塔法的基本思路。

根据微分中值定理，存在一点 ξ，使得

$$y(x_{n+1}) - y(x_n) = hy'(\xi), \quad \xi \in (x_n, x_{n+1})$$

从而有

$$y(x_{n+1}) = y(x_n) + hf[\xi, y(\xi)]$$

其中，$k = f[\xi, y(\xi)]$ 可以看作区间 $[x_n, x_{n+1}]$ 的平均斜率，根据这个公式，只要提供一种近似计算平均斜率的方法，就能得到一种求解常微分方程初值问题的数值方法。

因此，欧拉公式 $y_{n+1} = y_n + hf(x_n, y_n)$ 也可写成如下形式：

$$y_{n+1} = y_n + hk_1$$

该方法就是简单的取 x_n 处的斜率为 $k_1 = f(x_n, y_n)$ 作为平均斜率 k，其精度为一阶。

改进欧拉公式，即式（7-10）也可以写为

$$y_{n+1} = y_n + \frac{h}{2}(k_1 + k_2)$$

其中，$k_1 = f(x_n, y_n)$；$k_2 = f(x_n + h, y_n + hk_1)$。它用 x_n 和 x_{n+1} 两点处的斜率 k_1 与 k_2 的算术平均作为平均斜率 k，而 k_2 是利用已知信息 y_n 通过欧拉法预估的。也就是说，改进欧拉法采用两点处斜率的算术平均作为斜率，其精度为二阶。

龙格-库塔法的基本思路就是设法在区间 $[x_n, x_{n+1}]$ 内多预报几个点处的斜率，并将它们加权平均，作为平均斜率，从而构造出有更高精度的计算公式。龙格-库塔法的一般形式为

$$\begin{cases} y_{n+1} = y_n + h\sum_{i=1}^{m}\omega_i k_i \\ k_1 = f(x_n, y_n) \\ k_i = f\left(x_n + \alpha_i h, y_n + h\sum_{j=1}^{i-1}\beta_{ij}k_j\right)(i=2,3,\cdots,m) \end{cases} \quad （7\text{-}13）$$

其中，参数 α_i、β_{ij}、ω_i 与 $f(x,y)$ 无关。如果适当选取这些参数，就可以使局部截断误差达到 $O(h^{m+1})$，此时该方法具有 m 阶精度，称为 m 阶龙格-库塔法。

7.2.3　二阶龙格-库塔法和三阶龙格-库塔法

二阶龙格-库塔法就是 $m=2$ 时的情况，此时龙格-库塔法的公式为

$$\begin{cases} y_{n+1} = y_n + h(\omega_1 k_1 + \omega_2 k_2) \\ k_1 = f(x_n, y_n) \\ k_2 = f(x_n + \alpha_2 h, y_n + h\beta_{21}k_1) \end{cases} \quad （7\text{-}14）$$

适当选取 ω_1、ω_2、α_2 和 β_{21}，在 $y(x_n)=y_n$ 的假设下，使局部截断误差为

$$y(x_{n+1}) - y_{n+1} = O(h^3)$$

为了书写方便，记 $f(x,y)$、$\dfrac{\partial f}{\partial x}$ 和 $\dfrac{\partial f}{\partial y}$ 在 (x_n, y_n) 处的函数值分别为 f_n、$\dfrac{\partial f_n}{\partial x}$ 与 $\dfrac{\partial f_n}{\partial y}$，将 k_1 和 k_2 代入 y_{n+1}，得

$$y_{n+1} = y_n + h\omega_1 f_n + h\omega_2 f(x_n + \alpha_2 h, y_n + h\beta_{21}f_n)$$

对 $f(x_n + \alpha_2 h, y_n + h\beta_{21}f_n)$ 在 x_n 处进行泰勒展开得

$$y(x_{n+1}) = y(x_n + h) = y(x_n) + hy'(x_n) + \frac{1}{2!}h^2 y''(x_n) + O(h^3)$$

$$= y_n + hf_n + \frac{1}{2}h^2\left(\frac{\partial f_n}{\partial x} + \frac{\partial f_n}{\partial y}\right) + O(h^3)$$

为使 $y(x_{n+1}) - y_{n+1} = O(h^3)$，$\omega_1$、$\omega_2$、$\alpha_2$ 和 β_{21} 需要满足

$$\begin{cases} \omega_1 + \omega_2 = 1 \\ \alpha_2 \omega_2 = \dfrac{1}{2} \\ \beta_{21}\omega_2 = \dfrac{1}{2} \end{cases}$$

该方程组有无穷多组解，满足上述方程组解的公式统称为二阶龙格-库塔公式。

若 $\alpha_2 = 1$，则 $\omega_1 = \omega_2 = \dfrac{1}{2}$，$\beta_{21} = 1$，此时式（7-14）为

$$\begin{cases} y_{n+1} = y_n + \dfrac{h}{2}(k_1 + k_2) \\ k_1 = f(x_n, y_n) \\ k_2 = f(x_n + h, y_n + hk_1) \end{cases} \quad （7\text{-}15）$$

这就是改进欧拉公式。

若 $\omega_1 = 0$，则 $\omega_2 = 1$，$\alpha_2 = \dfrac{1}{2}$，$\beta_{21} = \dfrac{1}{2}$，此时式（7-14）为

$$\begin{cases} y_{n+1} = y_n + hk_2 \\ k_1 = f(x_n, y_n) \\ k_2 = f\left(x_n + \dfrac{h}{2}, y_n + \dfrac{h}{2}k_1\right) \end{cases} \tag{7-16}$$

该公式称为中点公式。

当 $m = 3$ 时，龙格-库塔法的公式为

$$\begin{cases} y_{n+1} = y_n + h(\omega_1 k_1 + \omega_2 k_2 + \omega_3 k_3) \\ k_1 = f(x_n, y_n) \\ k_2 = f(x_n + \alpha_2 h, y_n + h\beta_{21}k_1) \\ k_3 = f(x_n + \alpha_3 h, y_n + h\beta_{31}k_1 + h\beta_{32}k_2) \end{cases}$$

类似二阶龙格-库塔公式的推导，可以得到

$$\begin{cases} \omega_1 + \omega_2 + \omega_3 = 1 \\ \alpha_2 = \beta_{21} \\ \alpha_3 = \beta_{31} + \beta_{32} \\ \omega_2 \alpha_2 + \omega_3 \alpha_3 = \dfrac{1}{2} \\ \omega_2 \alpha_2^2 + \omega_3 \alpha_3^2 = \dfrac{1}{3} \\ \omega_3 \alpha_2 \beta_{32} = \dfrac{1}{6} \end{cases}$$

该方程组中有 8 个未知量、6 个方程，其中有 2 个未知量是自由参数。可见，方程组有无穷多组解，从而得到一系列三阶龙格-库塔法，其局部截断误差均为 $O(h^4)$。这些方法统称为三阶方法。下述公式是常见的三阶龙格-库塔公式

$$\begin{cases} y_{n+1} = y_n + \dfrac{h}{6}(k_1 + 4k_2 + k_3) \\ k_1 = f(x_n, y_n) \\ k_2 = f\left(x_n + \dfrac{h}{2}, y_n + \dfrac{h}{2}k_1\right) \\ k_3 = f(x_n + h, y_n - hk_1 + 2hk_2) \end{cases} \tag{7-17}$$

7.2.4　经典龙格-库塔法

类似地，可以用同样的方法推导更高阶的龙格-库塔法，在实际中，最常用的是四阶龙格-库塔公式：

$$\begin{cases} y_{n+1} = y_n + h(\omega_1 k_1 + \omega_2 k_2 + \omega_3 k_3 + \omega_4 k_4) \\ k_1 = f(x_n, y_n) \\ k_2 = f(x_n + \alpha_1 h, y_n + h\beta_{21} k_1) \\ k_3 = f(x_n + \alpha_3 h, y_n + h\beta_{31} k_1 + h\beta_{32} k_2) \\ k_4 = f(x_n + \alpha_4 h, y_n + h\beta_{41} k_1 + h\beta_{42} k_2 + h\beta_{43} k_3) \end{cases}$$

其经典格式为

$$\begin{cases} y_{n+1} = y_n + \dfrac{h}{6}(k_1 + 2k_2 + 2k_3 + k_4) \\ k_1 = f(x_n, y_n) \\ k_2 = f\left(x_n + \dfrac{h}{2}, y_n + \dfrac{h}{2} k_1\right) \\ k_3 = f\left(x_n + \dfrac{h}{2}, y_n + \dfrac{h}{2} k_2\right) \\ k_4 = f(x_n + h, y_n + hk_3) \end{cases} \qquad (7\text{-}18)$$

式（7-18）也可称为经典公式，经典龙格-库塔法的每一步都需要计算四次函数值 $f(x, y)$，它具有四阶精度，即其局部截断误差为 $O(h^5)$。

经典公式的精度较高，可满足一般工程计算的要求，通常将其称为龙格-库塔法。图 7-3 给出了这种方法的计算框图。可以看出，这种方法需要编制的程序比较简单，每次在计算 y_{n+1} 时，只用到前一步的计算结果 y_n，因此在已知初值 y_0 的条件下，可以自动地运用步进式方法进行计算，并且可以在计算过程中随时改变步长 h；缺点是每前进一步需要多次调用函数。

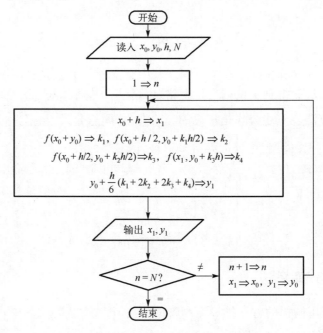

图 7-3　龙格-库塔法的计算框图

例 7-3 设步长 $h=0.2$，从 $x=0$ 到 $x=1$，用经典龙格-库塔公式求解以下初值问题：

$$\begin{cases} y' = y - \dfrac{2x}{y} \\ y(0) = 1 \end{cases}$$

解 由四阶经典公式得

$$\begin{cases} y_{n+1} = y_n + \dfrac{h}{6}(k_1 + 2k_2 + 2k_3 + k_4) \\[2mm] k_1 = y_n - \dfrac{2x_n}{y_n} \\[2mm] k_2 = y_n + \dfrac{h}{2}k_1 - \dfrac{2x_n + h}{y_n + \dfrac{h}{2}k_1} \\[2mm] k_3 = y_n + \dfrac{h}{2}k_2 - \dfrac{2x_n + h}{y_n + \dfrac{h}{2}k_2} \\[2mm] k_4 = y_n + hk_3 - \dfrac{2(x_n + h)}{y_n + hk_3} \end{cases}$$

表 7-3 记录了计算结果，其中，$y(x_n)$ 表示准确值。

表 7-3 计算结果

x_n	y_n	$y(x_n)$
0.2	1.183229	1.183216
0.4	1.341667	1.341641
0.6	1.483281	1.483240
0.8	1.612514	1.61245
1.0	1.732142	1.73205

比较经典公式和改进欧拉公式的计算结果，显然，经典公式的精度高，很多计算实例表明，要达到相同的精度，经典公式的步长可以比二阶方法的步长大 10 倍，而经典公式每步的计算量仅比二阶方法每步的计算量大一倍，因此其总的计算量仍比二阶方法的小。由此，工程上常用四阶经典龙格-库塔法，高于四阶的方法由于每步计算量增加较多，而精度提高不快，因此使用得较少。

需要说明的是，龙格-库塔法的推导思想基于泰勒级数展开法，因而它要求所求的解具有较好的光滑性，如果解的光滑性差，那么，使用四阶龙格-库塔法求得的数值解的精度可能反而不如改进欧拉法的精度。在实际计算时，应当针对问题的具体特点选择合适的算法。

7.2.5　隐式龙格-库塔法

以上讨论的龙格-库塔法都是显式的,若要构造隐式龙格-库塔法,则只需把式(7-13)中的 k_i 改写为

$$k_i = f\left(x_n + \alpha_i h, y_n + h\sum_{j=1}^{r} \beta_{ij} k_j\right), \quad i = 1, 2, \cdots, r$$

即可,这里 k_i 是隐式方程组,可用迭代法求解。

例如,梯形法

$$\begin{cases} y_{n+1} = y_n + \dfrac{h}{2}(k_1 + k_2) \\ k_1 = f(x_n + y_n) \\ k_2 = f\left(x_n + h, y_n + \dfrac{h}{2}k_1 + \dfrac{h}{2}k_2\right) \end{cases} \tag{7-19}$$

是二阶方法。

对于 r 阶隐式龙格-库塔法,其阶数可以高于 r。例如,一阶隐式中点方法

$$\begin{cases} y_{n+1} = y_n + hk_1 \\ k_1 = f\left(x_n + \dfrac{h}{2}, y_n + \dfrac{h}{2}k_1\right) \end{cases} \tag{7-20}$$

或

$$y_{n+1} = y_n + hf\left(x_n + \frac{h}{2}, \frac{1}{2}(y_n + y_{n+1})\right)$$

是二阶方法。

另一种隐式龙格-库塔法

$$\begin{cases} y_{n+1} = y_n + \dfrac{h}{2}(k_1 + k_2) \\ k_1 = f\left(x_n + \left(\dfrac{1}{2} + \dfrac{\sqrt{3}}{6}\right)h, y_n + \dfrac{h}{4}k_1 + \left(\dfrac{1}{4} + \dfrac{\sqrt{3}}{6}\right)hk_2\right) \\ k_2 = f\left(x_n + \left(\dfrac{1}{2} - \dfrac{\sqrt{3}}{6}\right)h, y_n + \left(\dfrac{1}{4} - \dfrac{\sqrt{3}}{6}\right)hk_1 + \dfrac{1}{4}hk_2\right) \end{cases}$$

是四阶方法。

隐式龙格-库塔法每步都要解方程组,因此计算量比较大,但其优点之一是稳定性一般比显式的好。

7.3 工程案例分析

例 7-4 假设有一个简单的 RC 电路，电阻 R 和电容 C 串联，电源电压是 $E(t)$。已知在 $t = 0$ 时刻，电容上的电荷 $Q(0) = 0$。当 $R = 1\Omega$，$C = 1F$ 时，求电容上的电压 $V(t)$。

解 （1）问题分析。

在这个例子中，根据基尔霍夫电压定律，有

$$E(t) = RI + V$$

并且，电流 I 是电容上的电荷 Q 的变化率，即 $I = \dfrac{dQ}{dt}$。因此，可以将上述方程重写为

$$E(t) = R\frac{dQ}{dt} + \frac{Q}{C}$$

这是一个一阶微分方程，可以使用欧拉法来求解。

程序首先设定了电路的参数和时间步长，然后使用欧拉法求解微分方程，最后计算电容上的电压并绘制图形。

（2）代码实现。

MATLAB 环境下的代码实现如下：

```
1    % 参数设定
2    R = 1; % 电阻值，单位：Ω
3    C = 1; % 电容值，单位：F
4    E = @(t) 5*sin(t); % 电源电压，单位：V
5    % 时间设定
6    dt = 0.01; % 时间步长，单位：s
7    t = 0:dt:10; % 总时间，单位：s
8    % 初始化
9    Q = zeros(1, length(t)); % 电荷，单位：C
10   % 欧拉法求解
11   for i = 1:(length(t)−1)
12   dQ = (E(t(i)) −Q(i)/C)*dt/R;
13   Q(i+1) = Q(i) + dQ;
14   end
15   % 计算电容上的电压
16   V = Q/C;
17   % 绘图
18   figure;
19   plot(t, V);
20   xlabel('Time (s)');
21   ylabel('Voltage (V)');
22   title('Voltage across the capacitor');
```

运行可得电容上的电压随时间变化的图形，如图 7-4 所示。

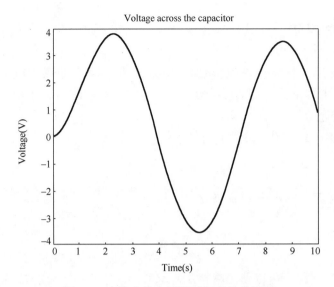

图 7-4　电容上的电压随时间变化的图形

扩展阅读：秦九韶《数书九章》中的计算方法

1．开根法

秦九韶的求平方根的方法也被称为秦九韶算法或开方算法，源自他的著作《数书九章》中的"开平法"一节。其中，"取平方根之数，以倍为方，以同为例。如欲取其平方根者，方之。令至方中，名之曰乘法，名其项曰绳，名其次曰理，名其左曰衲，名其右曰札。以理札探乘法。如得平方之数，即止。如不得，且犯绳，即益倍之。如不犯绳，即益同之。如其平方数益倍，即去方之数，此其术益深也。"这段原文描述了秦九韶的平方根提取方法，基本思想是将要求平方根的数反复地与自身相乘，直到得到一个与所求平方根非常接近的数，并进行一些修正以逼近真正的平方根。该方法是秦九韶在中国古代数学中的重要贡献之一，用于高效地计算平方根。

秦九韶的求立方根的方法也被称为秦九韶开方方法，原文出自他的著作《数书九章》中的"立方上法"一节。其中，"取方之数，名曰被开立方根之数。以其数乘以三之平方数，除之以九之平方数，以九之平方数乘以被开立方根之数，开其平方根。其数至方中，名曰立方根。名其项曰方，名其次曰吉，名其左曰方，名其右曰吉。其方之左，为被开立方根之数；其方之右，为立方根之数。"这段原文的基本思想是将一个数的立方根分为两部分，其中一部分被开方，并将这两部分相乘。该方法也是秦九韶在中国古代数学中的重要贡献之一，用于高效地计算立方根。

2．插值法

秦九韶在《数书九章》中所描述的多项式插值方法用于计算一个多项式函数通过一组已知数据点的插值多项式。

《数书九章》第一章中有一节叫作"更望法"，其中描述了秦九韶的多项式插值方法。"设一人有物，其物不知其数，可求也。以一言、二言、三言、四言、五言喻之，能穷极其理者，以求其数也。若是者，必胜又喻之，使言尽其理，不得复喻也。若是者，必胜又喻之，使言尽其理，不得复喻也。"这段原文描述了秦九韶的插值方法的思想，即通过不断添加已知点的信息（不断"喻之"），可以得到一个多项式函数，从而可以用来估算未知点的数值。

3. 解方程

秦九韶除在《数书九章》中提出著名的"大衍求一术"这一中国剩余定理外，还创拟了正负开方术，即任意高次方程的数值解法，秦九韶的此项成果比 1819 年英国人霍纳（W·G·Horner，1786—1837）的相同解法早 572 年。秦九韶的正负开方术在列算式时，提出"商常为正，实常为负，从常为正，益常为负"的原则，纯用代数加法，给出统一的运算规律，并且扩充到高次方程，提出了一般的一元高次多项式方程数值解的解法，可用于开高次方根和解高次方程。正负开方术也称秦九韶算法，其将一元 n 次多项式转化为 n 个一次多项式的反复循环运算，其运算过程大大简化且提高了运算效率。另外，秦九韶算法还解决了高次方程有理数根和无理数根近似值的计算问题，是中国较早于西方的独立算法。秦九韶算法相比于牛顿迭代法的收敛速度较慢，但其算法整齐划一、步骤分明，其中对方程不断进行缩根、减根、扩根变化是中国古代数学算法化、机械化的典范。

习近平总书记曾说："自己的宝贝还得自己识宝，自己不要轻慢了。""我最关心的就是中华文明历经沧桑留下的最宝贵的东西。我们文化不断流，再传承，留下的这些瑰宝一定要千方百计呵护好、珍惜好。"

思考题

1. 用欧拉法计算初值问题

$$\begin{cases} y' = x^2 + 100y^2 \\ y(0) = 0 \end{cases}$$

的解函数 $y(x)$ 在 $x=0.3$ 处的近似值，取步长 $h=0.1$，保留小数点后 4 位。

2. 用欧拉法、改进欧拉法、梯形法求解初值问题

$$\begin{cases} y' = x - y + 1 \\ y(0) = 1 \end{cases}$$

从 $x=0$ 到 $x=0.6$ 的数值解，取 $h=0.1$。

3. 用改进欧拉法求解以下初值问题：

$$\begin{cases} y' = x^2 + x - y \\ y(0) = 0 \end{cases}$$

取步长 $h=0.1$，计算到 $x=0.5$，并与准确值 $y = \mathrm{e}^{-x} + x^2 - x + 1$ 相比较。

4．用欧拉预报-校正公式求解以下初值问题：

$$\begin{cases} y' + y + y^2 \sin(x) = 0 \\ y(1) = 1 \end{cases}$$

取步长 $h=0.2$，计算 $y(1.2)$ 和 $y(1.4)$ 的近似值。

5．用改进欧拉法求解以下初值问题：

$$\begin{cases} y' + y = 1 \\ y(0) = 0 \end{cases}$$

取步长 $h=0.2$，求 $x=0.2, 0.4$ 时的数值解。

6．用改进欧拉法和四阶龙格-库塔法求解以下初值问题：

$$\begin{cases} y' = y + \sin(x) \\ y(0) = 1 \end{cases}$$

取步长 $h=0.1$，计算到 $x=0.5$，结果保留 4 位小数。

7．用四阶经典龙格-库塔法求解初值问题

$$\begin{cases} y' = x - y + 1 \\ y(0) = 1 \end{cases}$$

从 $x = 0$ 到 $x = 0.5$ 的数值解，取 $h = 0.1$。

附录 A
实　　验

实验一　秦九韶算法

一、实验目的

1. 掌握秦九韶算法的多项式形式。
2. 掌握秦九韶算法的基本步骤。

二、实验内容

1. 实验题目：利用秦九韶算法编程求多项式 $P(x) = [(0.0625x+0.0425)x+1.912]x + 2.1296$ 在 $x = 1.0$ 处的值。

2. 算法步骤：

步骤 1：输入 $a_0\,a_1\cdots a_n$（可用数组存放）的值。

步骤 2：x=初值，$y=a_n$，$i=n-1$。

步骤 3：如果 $i \geqslant 0$，$y=yx+a_i$ ；

　　　　/*只需进行 n 次乘法运算和 n 次加法运算*/

　　　　$i--$;

　　　　转到步骤 3；

　　　　否则，转到步骤 4

步骤 4：输出 y。

3．源程序：

```
#include "stdio.h"
void main( )
{   static float a[]={2.1296,1.912,0.0425,0.0625};
    float y;
    int i;
    float x=1.0;
    y=a[3];
    for (i=2;i>=0;i--)
        y=y*x+a[i];
    printf("x=%4.2f,y=%6.4f",x,y);
}
```

三、思考题

1．形如 $P_n(x) = a_nx^n + a_{n-1}x^{n-1} + \cdots + a_1x^1 + a_0$ 的多项式，若直接计算多项式的值，则一共需要进行多少次乘法运算和加法运算？若采用秦九韶算法，则一共需要进行多少次乘法运算和加法运算？

2．秦九韶算法的优点是什么？

实验二　区间二分法

一、实验目的

1．掌握一元非线性方程的求解步骤。

2．掌握利用区间二分法求解一元非线性方程的具体步骤。

二、实验内容

1．实验题目：利用区间二分法求解方程 $f(x) = x^3 - x - 1 = 0$（要求误差精度 $\varepsilon \leqslant 0.005$）。

2．算法步骤：

步骤 1：输入有根区间的端点 a、b 及预先给定的误差精度 ε，令 $y = f(a)$。

步骤 2：令 $x = (a+b)/2$。

步骤 3：若 $f(x) = 0$，则输出方程的根 x，结束；若 $yf(x)<0$，则 $b = x$，否则 $a = x$。

步骤 4：若 $b-a<\varepsilon$，则输出方程满足误差精度的根 x，结束；否则转向步骤 2。

3．源程序：

```
#include "stdio.h"
#include "math.h"
#define f(x) (x*(x*x-1)-1)
#define e 0.005
```

```
void main()
{
    int i=0;
    float x,a=1,b=1.5,y=f(a);
    if(y*f(b)>=0)
    {
        printf("\nThe range is error!");
        return;
    }
    else
    do
    {   x=(a+b)/2;
        printf("\nx%d=%6.4f",i,x);
        i++;
        if (f(x)==0)
            break;
        if (y*f(x)<0)
            b=x;
        else
            a=x;
    }while(fabs(b-a)>e);
    printf("\nx=%4.2f",x);
}
```

三、思考题

1. 一元非线性方程的求解步骤是什么？
2. 区间二分法的优点和局限性是什么？
3. 区间二分法的误差限是什么？

实验三　迭代法

一、实验目的

1. 掌握迭代法的基本原理和基本思想。
2. 熟练掌握迭代法的基本步骤和程序实现过程。

二、实验内容

1. 实验题目：

（1）利用迭代法求方程 $f(x) = x-10^x+2 = 0$ 的一个根。

（2）求方程 $x = e^{-x}$ 在 0.5 附近的根。

2. 算法步骤：

步骤 1：确定方程 $f(x) = 0$ 的等价形式 $x = \varphi(x)$，为确保迭代过程收敛，要求 $\varphi(x)$ 在某个含根区间 (a, b) 内满足 $|\varphi'(x)| \leqslant q < 1$。

步骤 2：选取初值 x_0，按公式 $x_k = \varphi(x_{k-1})$，$k = 1, 2, \cdots$ 进行迭代。

步骤 3：若 $|x_k - x_{k-1}| < \varepsilon$，则停止计算，$x^* \approx x_k$。

3. 源程序：

（1）利用迭代法求方程 $f(x) = x - 10^x + 2 = 0$ 的一个根。

```c
#include "stdio.h"
#include "math.h"
void main()
{ float x0,x1=1;
  int i=1;
  do
  {    x0=x1;
       x1=log10(x0+2);
       printf("\nx%d=%6.4f",i,x1);
       i++;
  }while(fabs(x1-x0)>=0.00005);
  printf("\nx=%6.4f",x1);
  printf("\nf(x)=%6.4f",fabs(x1-pow(10,x1)+2));
}
```

（2）求方程 $x = e^{-x}$ 在 0.5 附近的根。

```c
#include "stdio.h"
#include "math.h"
void main()
{
    float x0,x1=0.5;
    int i=1;
    do
    {  x0=x1;
       x1=exp(-x0);
       printf("\nx%d=%7.5f",i,x1);
       i++;
    }while(fabs(x1-x0)>0.001);
    printf("\nx=%5.3f",x1);
}
```

三、思考题

1. 迭代法的几何意义是什么？
2. 迭代法的收敛条件是什么？
3. 迭代法的误差估计式是什么？
4. 迭代法的优点是什么？

实验四 牛顿迭代法

一、实验目的

1. 掌握牛顿迭代法求解一元非线性方程的基本思想。
2. 掌握牛顿迭代法的迭代格式。
3. 熟练掌握牛顿迭代法的基本步骤和程序实现过程。

二、实验内容

1. 实验题目：

（1）利用牛顿迭代法求方程 $x=e^{-x}$ 在 0.5 附近的根，误差精度要求为 $\varepsilon=10^{-3}$。

（2）利用牛顿迭代法求方程 $f(x)=x^3-2x^2-4x-7=0$ 在[3, 4]中的根的近似值，误差精度要求为 $\varepsilon=10^{-2}$。

（3）利用牛顿迭代法计算 $\sqrt{C}$ （$C=115$）的值。

2. 算法步骤：

步骤 1：设定初值 x_0 及误差精度 ε。

步骤 2：计算 $x_1=x_0-f(x_0)/f'(x_0)$。

步骤 3：若 $|x_1-x_0|<\varepsilon$，则转向步骤 4；否则，$x_0=x_1$，转向步骤 2。

步骤 4：输出满足误差精度的根 x_1，结束。

3. 源程序：

（1）利用牛顿迭代法求方程 $x=e^{-x}$ 在 0.5 附近的根，误差精度要求为 $\varepsilon=10^{-3}$。

```c
#include "stdio.h"
#include "math.h"
void main()
{   float x0,x1=0.5;
    int i=0;
    printf("\nx%d=%7.5f",i,x1);
    i++;
    do
    {   x0=x1;
        x1=x0-(x0-exp(-x0))/(1+exp(-x0));
        printf("\nx%d=%7.5f",i,x1);
        i++;
    }while(fabs(x1-x0)>=0.001);
    printf("\nx=%5.3f",x1);
}
```

（2）利用牛顿迭代法求方程 $f(x) = x^3-2x^2-4x-7=0$ 在[3, 4]中的根的近似值，误差精度要求为 $\varepsilon = 10^{-2}$。

```
#include "stdio.h"
#include "math.h"
void main()
{   float x0,x1=4;
    int i=0;
    printf("\nx%d=%5.3f",i,x1);
        i++;
    do
    {       x0=x1;
            x1=x0-((((x0-2)*x0-4)*x0)-7)/((3*x0-4)*x0-4);
            printf("\nx%d=%5.3f",i,x1);
            i++;
    }while(fabs(x1-x0)>=0.01);
    printf("\nx=%4.2f",x1);
}
```

（3）利用牛顿迭代法计算 $\sqrt{C}$ （$C=115$）的值。

```
#include "stdio.h"
#include "math.h"
void main()
{   float x0,x1=11;
    do
    {       x0=x1;
            x1=x0-(x0*x0-115)/(2*x0);
    }while(fabs(x1-x0)>=0.005);
    printf("x=%5.2f",x1);
}
```

三、思考题

1．牛顿迭代法的几何意义是什么？
2．牛顿迭代法的收敛性如何判别？
3．牛顿迭代法的优点是什么？

实验五　列选主元法

一、实验目的

1．掌握求解线性方程组的数值解法的直接法。
2．熟练掌握列选主元法求解线性方程组的基本步骤。

二、实验内容

1. 实验题目：利用列选主元法求解线性方程组

$$\begin{cases} 0.01x_1 + 2x_2 - 0.5x_3 = -5 \\ -x_1 - 0.5x_2 + 2x_3 = 5 \\ 5x_1 - 4x_2 + 0.5x_3 = 9 \end{cases}$$

2. 算法步骤：

消元过程：

对 $k = 1, 2, \cdots, n-1$ 做下列运算。

步骤 1：按列选主元确定 r，使其满足 $|a_{rk}| = \max\limits_{k \leqslant i \leqslant n} |a_{ik}|$。若 $a_{rk} = 0$，则说明系数矩阵奇异，停止计算。

步骤 2：行交换，若 $r > k$，则交换第 k 行和第 r 行。

步骤 3：消元计算，对 $i = k+1, k+2, \cdots, n$，$j = k+1, k+2, \cdots, n+1$，计算 $a_{ij} \Leftarrow a_{ij} - a_{ik}a_{kj} / a_{kk}$。

回代过程：

若 $a_{nn} = 0$，则系数矩阵奇异，停止计算（结束）；否则，计算 $x_k \Leftarrow \left(a_{kn+1} - \sum\limits_{j=k+1}^{n} a_{kj}x_j \right) / a_{kk}$

（ $k = n, n-1, \cdots, 1$ ）。

3. 源程序：

```
#include "stdio.h"
#include "math.h"
#define n 3
void main()
 { int i,j,k;
   int mi;
   float mv,tmp;
   float a[n][n]={{0.01,2,-0.5},{-1,-0.5,2},{5,-4,0.5}};
   float b[n]={-5,5,9},x[n];
   for(k=0;k<n-1;k++)
   {   mi=k;
       mv=fabs(a[k][k]);
       for(i=k+1;i<n;i++)
         if(fabs(a[i][k])>mv)
         { mi=i;
           mv=fabs(a[i][k]);
          }
       if(mi>k)
        { tmp=b[k];
          b[k]=b[mi];
```

```
                    b[mi]=tmp;
                    for(j=k;j<n;j++)
                    {   tmp=a[k][j];
                        a[k][j]=a[mi][j];
                        a[mi][j]=tmp;
                    }
                }
            for(i=k+1;i<n;i++)
            {   tmp=a[i][k]/a[k][k];
                b[i]=b[i]-b[k]*tmp;
                for(j=k+1;j<n;j++)
                    a[i][j]=a[i][j]-a[k][j]*tmp;
            }
        }
    x[n-1]=b[n-1]/a[n-1][n-1];
    for(i=n-2;i>=0;i--)
    {   x[i]=b[i];
        for(j=i+1;j<n;j++)
            x[i]=x[i]-a[i][j]*x[j];
        x[i]=x[i]/a[i][i];
    }
    printf("\nThe result is:");
    for(i=0;i<n;i++)
        printf("\nx%d=%4.2f",i,x[i]);
}
```

三、思考题

1. 在线性方程组的数值解法中，什么是直接法？

2. 在求解 n 阶线性方程组时，高斯消去法和高斯-若尔当消去法需要进行的乘、除法运算次数分别约为多少？

3. 利用高斯消去法求解线性方程组，为什么需要选主元？

实验六　矩阵三角分解法

一、实验目的

1. 掌握矩阵三角分解法求解线性方程组的基本思想。
2. 熟练掌握矩阵三角分解法求解线性方程组的基本步骤。

二、实验内容

1. 实验题目：利用矩阵三角分解法求解线性方程组

$$\begin{cases} x_1 + 2x_2 - x_3 = 3 \\ x_1 - x_2 + 5x_3 = 0 \\ 4x_1 + x_2 + 2x_3 = 2 \end{cases}$$

2. 算法步骤：

步骤 1：三角分解。对于 $k = 1, 2, \cdots, n$，计算 $\boldsymbol{U}$ 和 $\boldsymbol{L}$ 的元素：

$$\begin{cases} u_{kj} = a_{kj} - \displaystyle\sum_{r=1}^{k-1} l_{kr} u_{rj}, & j = k, k+1, \cdots, n \\ l_{ik} = \left(a_{ik} - \displaystyle\sum_{r=1}^{k-1} l_{ir} u_{rk} \right) / u_{kk}, & i = k+1, k+2, \cdots, n \end{cases}$$

步骤 2：求 y 值。令 $\boldsymbol{Ux} = \boldsymbol{y}$，$\boldsymbol{Ly} = \boldsymbol{b}$，则

$$\begin{cases} y_1 = b_1 \\ y_i = b_i - \displaystyle\sum_{j=1}^{i-1} L_{ij} y_j, & i = 2, 3, \cdots, n \end{cases}$$

步骤 3：求 x 值。根据 $\boldsymbol{Ux} = \boldsymbol{y}$，有

$$\begin{cases} x_n = y_n / u_{nn} \\ x_i = \left(y_i - \displaystyle\sum_{j=i+1}^{n} u_{ij} x_j \right) / u_{ii}, & i = n-1, n-2, \cdots, 1 \end{cases}$$

3. 源程序：

```c
#include "stdio.h"
#include "math.h"
#define n 3
void main()
 {  int i,j,k,r;
    float s;
    static float a[n][n]={{1,2,-1},{1,-1,5},{4,1,2}};
    static float b[n]={3,0,2},x[n],y[n];
    static float l[n][n],u[n][n];
    for(i=0;i<n;i++)
        l[i][i]=1;
    for(k=0;k<n;k++)
    {    for(j=k;j<n;j++)
        {  s=0;
            for(r=0;r<k;r++)
                s=s+l[k][r]*u[r][j];
            u[k][j]=a[k][j]-s;
        }
        for(i=k+1;i<n;i++)
```

```
                    {   s=0;
                        for(r=0;r<k;r++)
                            s=s+l[i][r]*u[r][k];
                        l[i][k]=(a[i][k]-s)/u[k][k];
                    }
                }
            for(i=0;i<n;i++)
            {   s=0;
                for(j=0;j<i;j++)
                s=s+l[i][j]*y[j];
                y[i]=b[i]-s;
            }
            for(i=n-1;i>=0;i--)
            {   s=0;
                for(j=n-1;j>=i+1;j--)
                    s=s+u[i][j]*x[j];
                x[i]=(y[i]-s)/u[i][i];
            }
            printf("The result is:");
            for(i=0;i<n;i++)
              printf("\nx[%d]=%5.3f",i,x[i]);
        }
```

三、思考题

1．在求解 n 阶线性方程组时，矩阵三角分解法需要进行的乘、除法运算次数分别约为多少？

2．在线性方程组的数值解法中，直接法适用于什么情况？

实验七 线性方程组的迭代法

一、实验目的

1．掌握线性方程组迭代解法的基本思想。

2．掌握雅可比迭代法求解线性方程组的基本步骤。

3．掌握高斯-赛德尔迭代法求解线性方程组的基本步骤。

二、实验内容

1．实验题目：用雅可比迭代法和高斯-赛德尔迭代法求解线性方程组

$$\begin{cases} 10x_1 - 2x_2 - x_3 = 3 \\ -2x_1 + 10x_2 - x_3 = 15 \\ -x_1 - 2x_2 + 5x_3 = 10 \end{cases}$$

误差精度要求 $\varepsilon \leqslant 0.005$。

2．算法步骤：

步骤1：线性方程组的一般形式为

$$\begin{bmatrix} a_{11} & a_{12} & \cdots & a_{1n} \\ a_{21} & a_{22} & \cdots & a_{2n} \\ \vdots & \vdots & & \vdots \\ a_{n1} & a_{n2} & \cdots & a_{nn} \end{bmatrix} \begin{bmatrix} x_1 \\ x_2 \\ \vdots \\ x_n \end{bmatrix} = \begin{bmatrix} b_1 \\ b_2 \\ \vdots \\ b_n \end{bmatrix} \tag{1}$$

步骤2：从式（1）中分离出变量 x_i，将其改写为

$$x_i = \frac{1}{a_{ii}} \left(b_i - \sum_{j=1, j \neq i}^{n} a_{ij} x_j \right), \quad i = 1, 2, \cdots, n$$

步骤3：由此建立的雅可比迭代公式为

$$x_i^{(k+1)} = \frac{1}{a_{ii}} \left(b_i - \sum_{j=1}^{i-1} a_{ij} x_j^{(k)} - \sum_{j=i+1}^{n} a_{ij} x_j^{(k)} \right), \quad i = 1, 2, \cdots, n$$

步骤4：将其改进，可得高斯-赛德尔迭代公式为

$$x_i^{(k+1)} = \frac{1}{a_{ii}} \left(b_i - \sum_{j=1}^{i-1} a_{ij} x_j^{(k+1)} - \sum_{j=i+1}^{n} a_{ij} x_j^{(k)} \right), \quad i = 1, 2, \cdots, n$$

3．源程序：

（1）雅可比迭代法的求解程序。

```
#include "stdio.h"
#include "math.h"
#define MAX 100
#define n 3
#define exp 0.005
void main()
{   int i,j,k,m;
    float temp,s;
    float a[n][n]={{10,-2,-1},{-2,10,-1},{-1,-2,5}};
    float static b[n]={3,15,10};
    float static x[n],B[n][n],g[n],y[n]={0,0,0};
    for(i=0;i<n;i++)
        for(j=0;j<n;j++)
        {   B[i][j]=-a[i][j]/a[i][i];
            g[i]=b[i]/a[i][i];
        }
    for(i=0;i<n;i++)
```

```
                B[i][i]=0;
        m=0;
        do
          {   for(i=0;i<n;i++)
              x[i]=y[i];
              for(i=0;i<n;i++)
               {  y[i]=g[i];
                  for(j=0;j<n;j++)
                  y[i]=y[i]+B[i][j]*x[j];
               }
              m++;
              printf("\n%dth result is:",m);
              printf("\nx0=%7.5f,x1=%7.5f,x2=%7.5f",y[0],y[1],y[2]);
              temp=0;
              for(i=0;i<n;i++)
                {  s=fabs(y[i]-x[i]);
                     if(temp<s)
                        temp=s;
                   }
              printf("\ntemp=%f",temp);
          }while(temp>=exp);
        printf("\n\nThe last result is:");
        for(i=0;i<n;i++)
          printf("\nx[%d]=%7.5f",i,y[i]);
  }
```

（2）高斯-赛德尔迭代法的求解程序。

```
#include "stdio.h"
#include "math.h"
#define MAX 100
#define n 3
#define exp 0.005
 void main()
 {   int i,j,k,m;
     float temp,s;
     float a[n][n]={{10,-2,-1},{-2,10,-1},{-1,-2,5}};
     float static b[n]={3,15,10};
     float static x[n]={0,0,0},B[n][n],g[n];
     for(i=0;i<n;i++)
       for(j=0;j<n;j++)
         {   B[i][j]=-a[i][j]/a[i][i];
             g[i]=b[i]/a[i][i];
         }
     for(i=0;i<n;i++)
        B[i][i]=0;
     m=0;
```

```
    do
     {    temp=0;
          for(i=0;i<n;i++)
            {    s=x[i];
                 x[i]=g[i];
                 for(j=0;j<n;j++)
                      x[i]=x[i]+B[i][j]*x[j];
                 if (fabs(x[i]-s)>temp)
                      temp=fabs(x[i]-s);
            }
          m++;
          printf("\n%dth result is:",m);
          printf("\nx0=%7.5f,x1=%7.5f,x2=%7.5f",x[0],x[1],x[2]);
          printf("\ntemp=%f",temp);
     }while(temp>=exp);
    printf("\n\nThe last result is:");
    for(i=0;i<n;i++)
        printf("\nx[%d]=%7.5f",i,x[i]);
}
```

三、思考题

1. 在求解线性方程组的数值解法中，什么是迭代法？它适用于什么情况？
2. 雅可比迭代法和高斯-赛德尔迭代法的收敛性判别条件分别是什么？
3. 高斯-赛德尔迭代法为什么比雅可比迭代法更优？

实验八 拉格朗日插值

一、实验目的

1. 掌握拉格朗日插值的基本思想和计算公式。
2. 熟练掌握拉格朗日插值的求解过程和程序实现过程。

二、实验内容

1. 实验题目：

利用拉格朗日插值，根据已知数据表：

x	1.1275	1.1503	1.1735	1.1972
$f(x)$	0.1191	0.13954	0.15932	0.17903

用插值公式计算 $f(1.1300)$ 的值。

2．算法步骤：

步骤 1：根据已知数据表，设定初值(x_i, y_i)，$i = 0,1,2,3$ 及 $c = 1.1300$。

步骤 2：根据拉格朗日插值公式，计算 $P(x) = \sum_{k=0}^{n} \dfrac{\omega(x)}{(x - x_k)\omega'(x_k)} y_k$ 在 c 点的值，其中，

$$\omega(x) = \prod_{i=0}^{n}(x - x_i), \quad \omega'(x_k) = \prod_{\substack{i=0 \\ i \neq k}}^{n}(x_k - x_i)。$$

步骤 3：输出结果。

3．源程序：

```
#include "stdio.h"
main()
{   float static x[4]={1.1275,1.1503,1.1735,1.972};
    float static y[4]={0.1191,0.13954,0.15932,0.17903};
    int i,j;
    float c,f,t;
    c=1.13;
    f=0;
    for(i=0;i<=3;i++)
    {   t=1;
        for(j=0;j<=3;j++)
        {   if(j!=i)
                t=t*(c-x[j])/(x[i]-x[j]);
        }
        f=f+t*y[i];
    }
    printf("\nf(%6.4f)=%6.4f",c,f);
}
```

三、思考题

1．什么是插值原则？

2．插值法的几何意义是什么？

3．插值余项定理是什么？它刻画了拉格朗日插值的哪些特征？

实验九　牛顿插值

一、实验目的

1．掌握牛顿插值的基本思想和计算公式。

2．熟练掌握牛顿插值的求解过程和程序实现过程。

二、实验内容

1. 实验题目:

根据已知函数 $y = f(x)$ 的观测数据:

x	0	2	4	5	6
$f(x)$	1	5	9	–4	13

试用全部基点构造牛顿均差插值多项式,并用二次插值求 $f(3)$ 的近似值。

2. 算法步骤:

步骤 1:根据已知观测数据,设定初值(x_i, y_i),$i = 0,1,2,3$ 及 $c = 3.0$。

步骤 2:按牛顿均差插值多项式公式求各阶均差。

步骤 3:按秦九韶算法求多项式的值。

3. 源程序:

```c
#include "stdio.h"
void main()
{   float static x[5]={0,2,4,5,6};
    float static y[5]={1,5,9,-4,13};
    int i,k;
    float c,p;
    for (k=1;k<=4;k++)
      { printf("\n%dth is:",k);
        for(i=4;i>=k;i--)
        {   y[i]=(y[i]-y[i-1])/(x[i]-x[i-k]);
            printf("\n%8.6f",y[i]);
        }
      }
    c=3;
     printf("\np[%4.2f]=%8.6f",c,y[0]+y[1]*(c-x[0])+y[2]*(c-x[0])*(c
-x[1])+y[3]*(c-x[0])*(c-x[1])*(c-x[2])+y[4]*(c-x[0])*(c-x[1])*(c-x[2])*(c-x
[3]));
    p=y[4];
    for(i=3;i>=0;i--)
        p=p*(c-x[i])+y[i];
    printf("\n 秦九韶方法:p[%4.2f]=%8.6f",c,p);
    }
```

三、思考题

1. 与拉格朗日插值相比,牛顿均差插值的优点是什么?两者在本质上是否相同?

2. 均差具有哪些性质?

实验十　龙贝格算法

一、实验目的

1. 掌握龙贝格算法的定义和基本思想。
2. 熟练掌握龙贝格算法的求解过程和程序实现过程。

二、实验内容

1. 实验题目：利用龙贝格算法计算积分

$$I = \int_0^1 \frac{4}{1+x^2} \, dx \qquad (\varepsilon = 10^{-5})$$

2. 算法步骤：

步骤 1：根据已知条件，写出子函数，求解被积函数 $f(x)$。

步骤 2：根据龙贝格求积公式的计算方法写出 R_N。

步骤 3：直到满足给定的误差精度要求，输出结果。

3. 源程序：

```
#include "stdio.h"
#include "math.h"
float f(float x)
{ return   (4/(1+x*x));}
void main()
{  float a=0,b=1,h,t1,t2,s1,s2=0,c1,c2=0,r1,r2=0,exp=0.00001;
   float s,x;
   int k=0;
   h=b-a;
   t2=0.5*h*(f(a)+f(b));
   do
   {  r1=r2;
      do
      {  c1=c2;
         do
         {  s1=s2;
            t1=t2;
            k++;
            h=0.5*h;
            s=0;
            x=a+h;
            while(x<b)
            {  s=s+f(x);
               x=x+2*h;
```

```
                }
              t2=0.5*t1+h*s;
              s2=t2+(t2-t1)/3;
          }while(k==1);
        c2=s2+(s2-s1)/15;
      }while(k==2);
    r2=c2+(c2-c1)/63;
  }while(fabs(r2-r1)>=exp);
    printf("\nThe result is:%7.5f",r2);
}
```

三、思考题

1. 牛顿-柯特斯公式的形式是什么？
2. 柯特斯系数有哪些性质？
3. 复化求积法的基本思想是什么？

实验十一　欧拉法

一、实验目的

1. 掌握欧拉法的基本思想和公式。
2. 熟练掌握欧拉法的求解过程和局部截断误差。

二、实验内容

1. 实验题目：取步长 $h=0.2$，利用欧拉法求初值问题 $\begin{cases} y' = x + y \\ y(0) = 1 \end{cases}$ 的数值解 $y(0.2)$ 和 $y(0.4)$。

2. 算法步骤：

步骤 1：根据已知条件，写出子函数，求解常微分方程 y'。
步骤 2：根据欧拉公式的计算过程依次写出 $y(0.2)$ 和 $y(0.4)$ 的值。

3. 源程序：

```
#include "stdio.h"
#include "math.h"
float f(float x,float y)
{ return(x+y); }
void main( )
{ float x1,x2=0,y1,y2=1,h=0.2;
  int i;
  for (i=1;i<=2;i++)
```

```
    {  x1=x2;
       y1=y2;
       x2=x1+h;
       y2=y1+h*f(x1,y1);
       y2=y1+0.5*h*(f(x1,y1)+f(x2,y2));
       printf("\ny%d=%5.3f",i,y2);
    }
  }
```

三、思考题

1．欧拉法的几何意义是什么？

2．欧拉公式的局部截断误差是什么？

3．预报-校正公式（改进欧拉公式）的局部截断误差是什么？

实验十二　四阶龙格-库塔法

一、实验目的

1．掌握四阶龙格-库塔公式。

2．熟练掌握四阶龙格-库塔法的求解过程和局部截断误差。

二、实验内容

1．实验题目：取步长 $h=0.2$，用四阶龙格-库塔公式求初值问题 $\begin{cases} y' = y - \dfrac{2x}{y}(0 \leqslant x \leqslant 1) \\ y(0) = 1 \end{cases}$

的数值解。

2．算法步骤：

步骤 1：根据已知条件，写出子函数，求解常微分方程 y'。

步骤 2：根据四阶龙格-库塔公式的计算过程依次写出 $y(0.2), y(0.4), \cdots, y(1)$ 的值。

3．源程序：

```
#include "stdio.h"
#include "math.h"
float f(float x,float y)
{ return(y-2*x/y);  }

void main()
{  float x1,y1,x2=0,y2=1,h=0.2;
   float k1,k2,k3,k4;
   int i;
```

```
        for (i=1;i<=5;i++)
    {   x1=x2;
        y1=y2;
        k1=f(x1,y1);
        k2=f(x1+0.5*h,y1+0.5*h*k1);
        k3=f(x1+0.5*h,y1+0.5*h*k2);
        k4=f(x1+h,y1+h*k3);
        y2=y1+h*(k1+2*k2+2*k3+k4)/6;
        x2=x1+h;
        printf("\ny[%3.1f]=%7.5f",x2,y2);
    }
    }
```

三、思考题

1. 三阶龙格-库塔公式、四阶龙格-库塔公式的局部截断误差分别是什么？

2. 三阶龙格-库塔法、四阶龙格-库塔法各有多少个具体计算公式？

参 考 文 献

[1] 马东升，董宁. 数值计算方法[M]. 3 版. 北京：机械工业出版社，2019.

[2] 赵振宇，乔瑜. 数值计算方法[M]. 北京：机械工业出版社，2022.

[3] 郑成德. 数值计算方法[M]. 2 版. 北京：清华大学出版社，2020.

[4] 吕同富，康兆敏，方秀男. 数值计算方法[M]. 2 版. 北京：清华大学出版社，2013.

[5] 王洋，程晓亮，滕飞. 计算方法及其应用[M]. 北京：清华大学出版社，2019.

[6] 石辛民，翁智. 计算方法及其 MATLAB 实现[M]. 北京：清华大学出版社，2013.

[7] 魏思玫，胡砾艺，李娜. 秦九韶算法与牛顿迭代法的比较[J]. 高等数学研究，2022，25（4）：28-32.